21世纪全国应用型本科大机械系列实用规划教材

机械制图与AutoCAD基础教程习题集

主　编　鲁　杰　张爱梅

副主编　李建春　陈宏圣

内 容 简 介

本书是作者根据多年教学经验并总结了近年来教学改革实践成果编写而成的。本习题集与作者所编《机械制图与AutoCAD基础教程》(北京大学出版社)配套使用。

本书内容的编排顺序与配套教材一致，其内容包括：制图的基本知识与技能；AutoCAD基础；点、直线、平面的投影；立体的三视图及其表面交线的画法；组合体的画图、看图与尺寸标注；轴测图；机件的基本表达方法；常用机件及结构要素的特殊表示法；零件图；装配图。

本习题集具有下列特点：采用最新的机械制图国家标准，精选精练题例，将尺规绘图与计算机绘图有机结合，注重学生学习能力、分析思考能力和动手能力的培养。题例层次分明、难易适当、题量适中。

本书可供高等工科院校机类、近机类各专业使用。

图书在版编目(CIP)数据

机械制图与AutoCAD基础教程习题集/鲁杰，张爱梅主编．—北京：北京大学出版社，2007.11
(21世纪全国应用型本科大机械系列实用规划教材)
ISBN 978-7-301-13120-6

Ⅰ．机…　Ⅱ．①鲁…　②张…　Ⅲ．机械制图：计算机制图—应用软件，AutoCAD—高等学校—习题　Ⅳ．TH126-44

中国版本图书馆CIP数据核字(2007)第177571号

书　　名：机械制图与AutoCAD基础教程习题集
著作责任者：鲁　杰　张爱梅　主编
责任编辑：李　虎
标准书号：ISBN 978-7-301-13120-6/TH・0076
出　版　者：北京大学出版社
地　　址：北京市海淀区成府路205号　100871
网　　址：http://www.pup.cn　http://www.pup6.com
电　　话：邮购部62752015　发行部62750672　编辑部62750667　出版部62754962
电子邮箱：pup_6@163.com
印　刷　者：河北博文科技印务有限公司
发　行　者：北京大学出版社
经　销　者：新华书店
787毫米×1092毫米　8开本　10印张　200千字
2007年11月第1版　2024年8月第8次印刷
定　　价：39.80元

丛书总序

殷国富*

机械是人类生产和生活的基本工具要素之一，是人类物质文明最重要的一个组成部分。机械工业担负着向国民经济各部门，包括工业、农业和社会生活各个方面提供各种性能先进、使用安全可靠的技术装备的任务，在国家现代化建设中占有举足轻重的地位。20 世纪 80 年代以来，以微电子、信息、新材料、系统科学等为代表的新一代科学技术的发展及其在机械工程领域中的广泛渗透、应用和衍生，极大地拓展了机械产品设计制造活动的深度和广度，改变了现代制造业的产品设计方法、产品结构、生产方式、生产工艺和设备以及生产组织模式，产生了一大批新的机械设计制造方法和制造系统。这些机械方面的新方法和系统的主要技术特征表现在以下几个方面：

(1) 信息技术在机械行业的广泛渗透和应用，使得现代机电产品已不再是单纯的机械构件，而是由机械、电子、信息、计算机与自动控制等集成的机电一体化产品，其功能不仅限于加强、延伸或取代人的体力劳动，而且扩大到加强、延伸或取代人的某些感官功能与大脑功能。

(2) 随着设计手段的计算机化和数字化，CAD/CAM/CAE/PDM 集成技术和软件系统得到广泛使用，促进了产品创新设计、并行设计、快速设计、虚拟设计、智能设计、反求设计、广义优化设计、绿色产品设计、面向全寿命周期设计等现代设计理论和技术方法的不断发展。机械产品的设计不只是单纯追求某项性能指标的先进和高低，而是注重综合考虑质量、市场、价格、安全、美学、资源、环境等方面的影响。

(3) 传统机械制造技术在不断吸收电子、信息、材料、能源和现代管理等方面成果的基础上形成了先进制造技术，并将其综合应用于机械产品设计、制造、检测、管理、销售、使用、服务的机械产品制造全过程，以实现优质、高效、低耗、清洁、灵活的生产，提高对动态多变的市场的适应能力和竞争能力。

(4) 机械产品加工制造的精密化、快速化，制造过程的网络化、全球化得到很大的发展，涌现出 CIMS、并行工程、敏捷制造、绿色制造、网络制造、虚拟制造、智能制造、大规模定制等先进生产模式，制造装备和制造系统的柔性与可重组已成为 21 世纪制造技术的显著特征。

(5) 机械工程的理论基础不再局限于力学，制造过程的基础也不只是设计与制造经验及技艺的总结。今天的机械工程学科比以往任何时候都更紧密地依赖诸如现代数学、材料科学、微电子技术、计算机信息科学、生命科学、系统论与控制论等多门学科及其最新成就。

上述机械科学与工程技术特征和发展趋势表明，现代机械工程学科越来越多地体现着知识经济的特征。因此，加快培养适应我国国民经济建设所需要的高综合素质的机械工程学科人才的意义十分重大、任务十分繁重。我们必须通过各种层次和形式的教育，培养出适应世界机械工业发展潮流与我国机械制造业实际需要的技术人才与管理人才，不断推动我国机械科学与工程技术的进步。

为使机械工程学科毕业生的知识结构由较专、较深、适应性差向较通用、较广泛、适应性强方向转化，在教育部的领导与组织下，1998 年对本科专业目录进行了第 3 次大的修订。调整后的机械大类专业变成 4 类 8 个专业，它们是：机械类 4 个专业(机械设计制造及其自动化、材料成型及控制工程、过程装备与控制、工业设计)；仪器仪表类 1 个专业(测控技术与仪器)；能源动力类 2 个专业(热能与动力工程、核工程与核技术)；工程力学类 1 个专业(工程力学)。此外还提出了面向更宽的引导性专业，即机械工程及自动化。因此，建立现代“大机械、全过程、多学科”的观点，探讨机械科学与工程技术学科专业创新人才的培养模式，是高校从事制造学科教学的教育工作者的责任；建立培养富有创新能力人才的教学体系和教材资源环境，是我们努力的目标。

要达到这一目标，进行适应现代机械学科发展要求的教材建设是十分重要的基础工作之一。因此，组织编写出版面向大机械学科的系列教材就显得很有意义和十分必要。北京大学出版社和中国林业出版社的领导和编辑们通过对国内大学机械工程学科教材实际情况的调研，在与众多专家学者讨论的基础上，决定面向机械工程学科类专业的学生出版一套系列教材，这是促进高校教学改革发展的重要决策。按照教材编审委员会的规划，本系列教材将逐步出版。

本系列教材是按照高等学校机械学科本科专业规范、培养方案和课程教学大纲的要求，合理定位，由长期在教学第一线从事教学工作的教师立足于 21 世纪机械工程学科发展的需要，以科学性、先进性、系统性和实用性为目标进行编写，以适应不同类型、不同层次的学校结合学校实际情况的需要。本系列教材编写的特色体现在以下几个方面：

(1) 关注全球机械科学与工程技术学科发展的大背景，建立现代大机械工程学科的新理念，拓宽理论基础和专业知识，特别是突出创造能力和创新意识。

(2) 重视强基础与宽专业知识面的要求。在保持较宽学科专业知识的前提下，在强化产品设计、制造、管理、市场、环境等基础理论方面，突出重点，进一步密切学科内各专业知识面之间的综合内在联系，尽快建立起系统性的知识体系结构。

(3) 学科交叉与综合的观念。现代力学、信息科学、生命科学、材料科学、系统科学等新兴学科与机械学科结合的内容在系列教材编写中得到一定的体现。

(4) 注重能力的培养，力求做到不断强化自我的自学能力、思维能力、创造性地解决问题的能力以及不断自我更新知识的能力，促进学生向着富有鲜明个性的方向发展。

总之，本系列教材注意了调整课程结构，加强学科基础，反映系列教材各门课程之间的联系和衔接，内容合理分配，既相互联系又避免不必要的重复，努力拓宽知识面，在培养学生的创新能力方面进行了初步的探索。当然，本系列教材还需要在内容的精选、音像电子课件、网络多媒体教学等方面进一步加强，使之能满足普通高等院校本科教学的需要，在众多的机械类教材中形成自己的特色。

最后，我要感谢参加本系列教材编著和审稿的各位老师所付出的大量卓有成效的辛勤劳动，也要感谢北京大学出版社的领导和编辑们对本系列教材的支持和编审工作。由于编写的时间紧、相互协调难度大等原因，本系列教材还存在一些不足和错漏。我相信，在使用本系列教材的教师和学生的关心和帮助下，不断改进和完善这套教材，使之在我国机械工程类学科专业的教学改革和课程体系建设中起到应有的促进作用。

2006 年 1 月

*殷国富教授：现为教育部机械学科教学指导委员会委员，现任四川大学制造科学与工程学院院长

前　　言

本习题集编者长期从事机械产品的设计和机械制图的教学工作，对专业教学有着较丰富的经验，在研究了国内同类教材不同特点的基础上，结合作者同期出版的教材《机械制图与 AutoCAD 基础教程》，编写了这本《机械制图与 AutoCAD 基础教程习题集》。本习题集结构层次与教材相呼应，建议读者配套使用。本习题集具有以下特点。

(1) 采用了最新的技术制图、机械制图国家标准。

(2) 突出基本概念、基本理论的练习和巩固，题目由浅入深、循序渐进，在激发学生学习运用基本知识的兴趣的同时，逐步提高绘图技能。

(3) 注重现代技术的应用和综合能力的培养，在加强基本能力训练的同时，将尺规绘图和计算机绘图题目有机融合，使学生既具备扎实的基本功，又有灵活多样的图示表达能力，为将来适应现代化工程技术的要求打下良好的基础。

(4) 在内容编排方面，力求适应不同层次读者学习的需要，题目在循序渐进的前提下，适当提高了台阶，增加了难度；同时做到了重点突出、层次分明、题量适中。

(5) 注重与生产实际相结合，选题尽可能多地采用了实际工程图样。

本习题集由鲁杰、张爱梅、李建春、陈宏圣编写。

本习题集由浙江大学城市学院刘桦教授主审，刘教授对本书提出了很多宝贵意见和建议，在此表示衷心的感谢。

由于编者水平有限，书中缺点、错误在所难免，恳请广大读者批评指正。

编　者

2007 年 10 月

目　　录

1.1　字体练习　　班级　　姓名　　学号　　审核

机械制图国标规定字体排列整齐均匀

零件图装配图钢铁齿轮轴孔槽结构铸

横平竖直注意起落填满方格加强练习

计算机技术数控机床车铣刨磨钻锻焊

热处理粗糙度剖切投影表达连接部件

技术要求表面加工圆角倒角精度装配

A B C D E F G H I J K L M

N O P Q R S T U V W X Y Z

a b c d e f g h i j k l m

n o p q r s t u v w x y z

1 2 3 4 5 6 7 8 9 10　α β γ δ ε λ θ

1 2 3 4 5 6 7 8 9 0

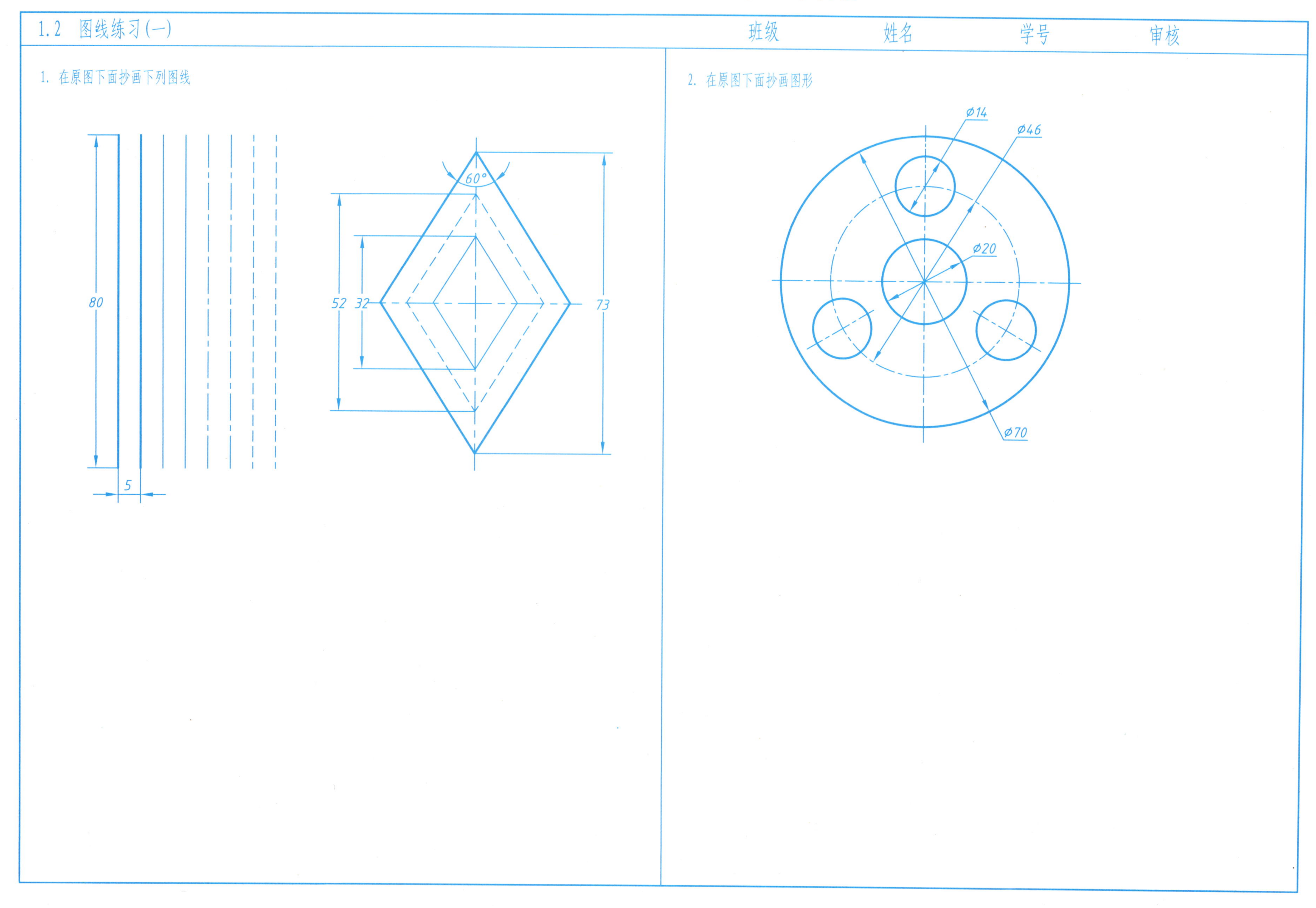
1.2　图线练习(一)
班级
姓名
学号
审核
1. 在原图下面抄画下列图线
80
5
60°
52
32
73
2. 在原图下面抄画图形
ø14
ø46
ø20
ø70

1.3　图线练习(二)　　班级　　姓名　　学号　　审核

根据图中的尺寸抄画下列图形，并标注尺寸

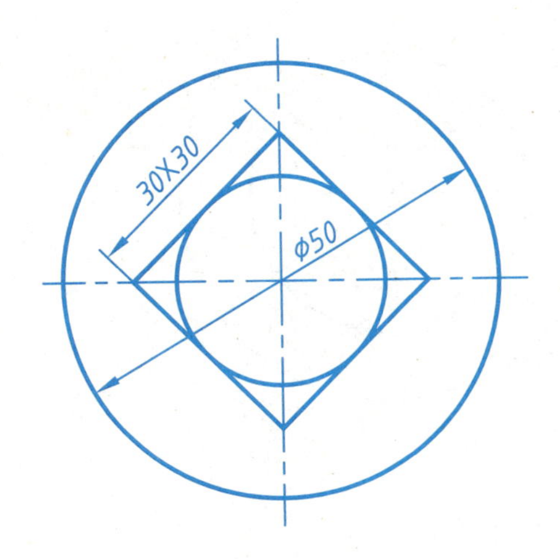

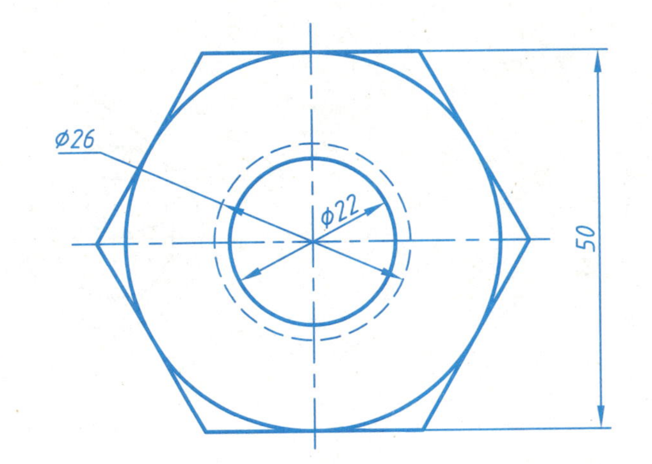

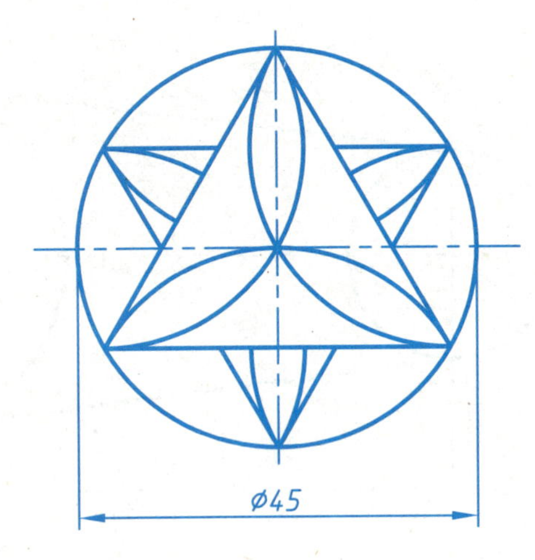

1.4　几何作图(一)　　班级　　姓名　　学号　　审核

根据图中的尺寸，按1：1的比例抄画下列两图

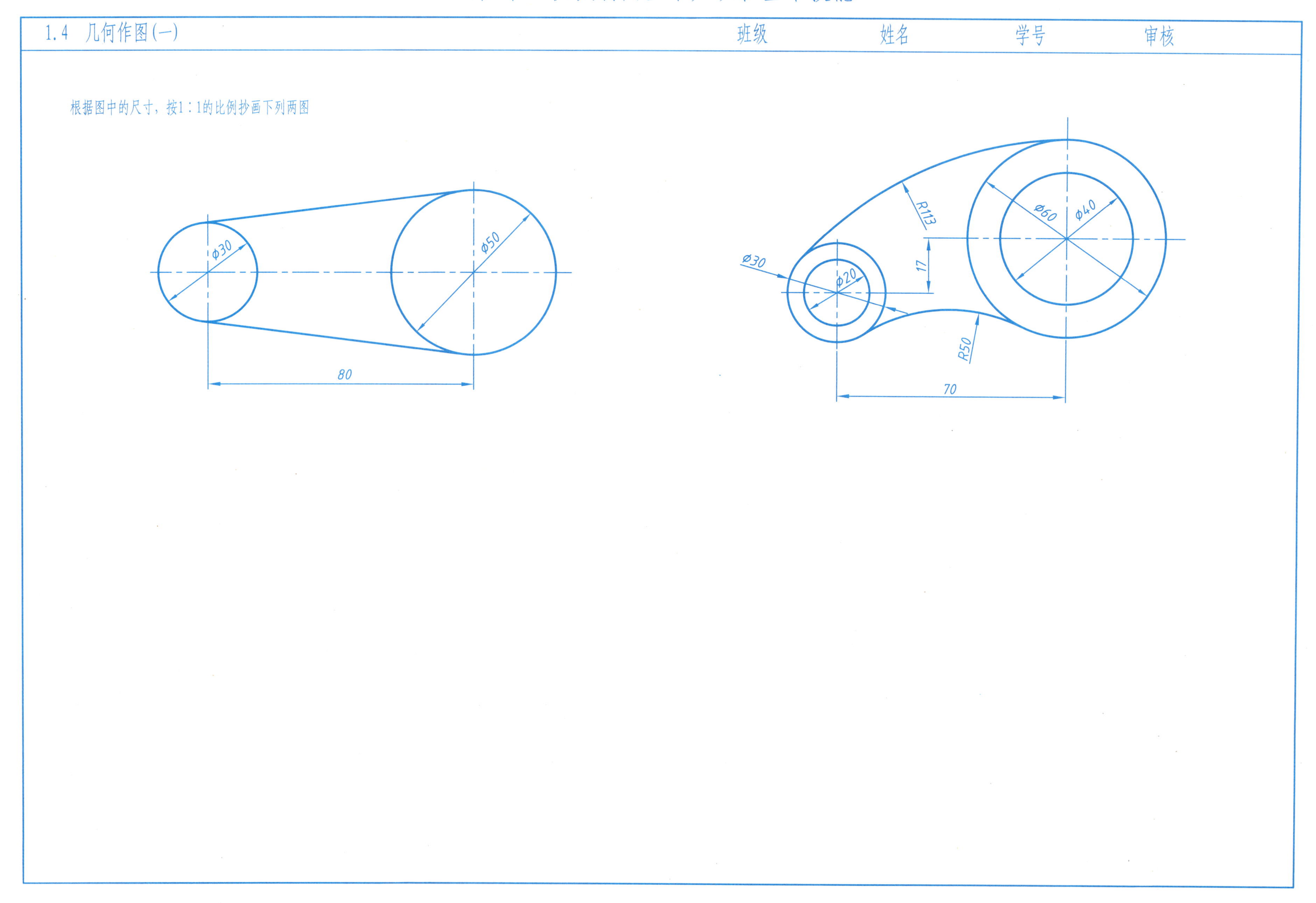

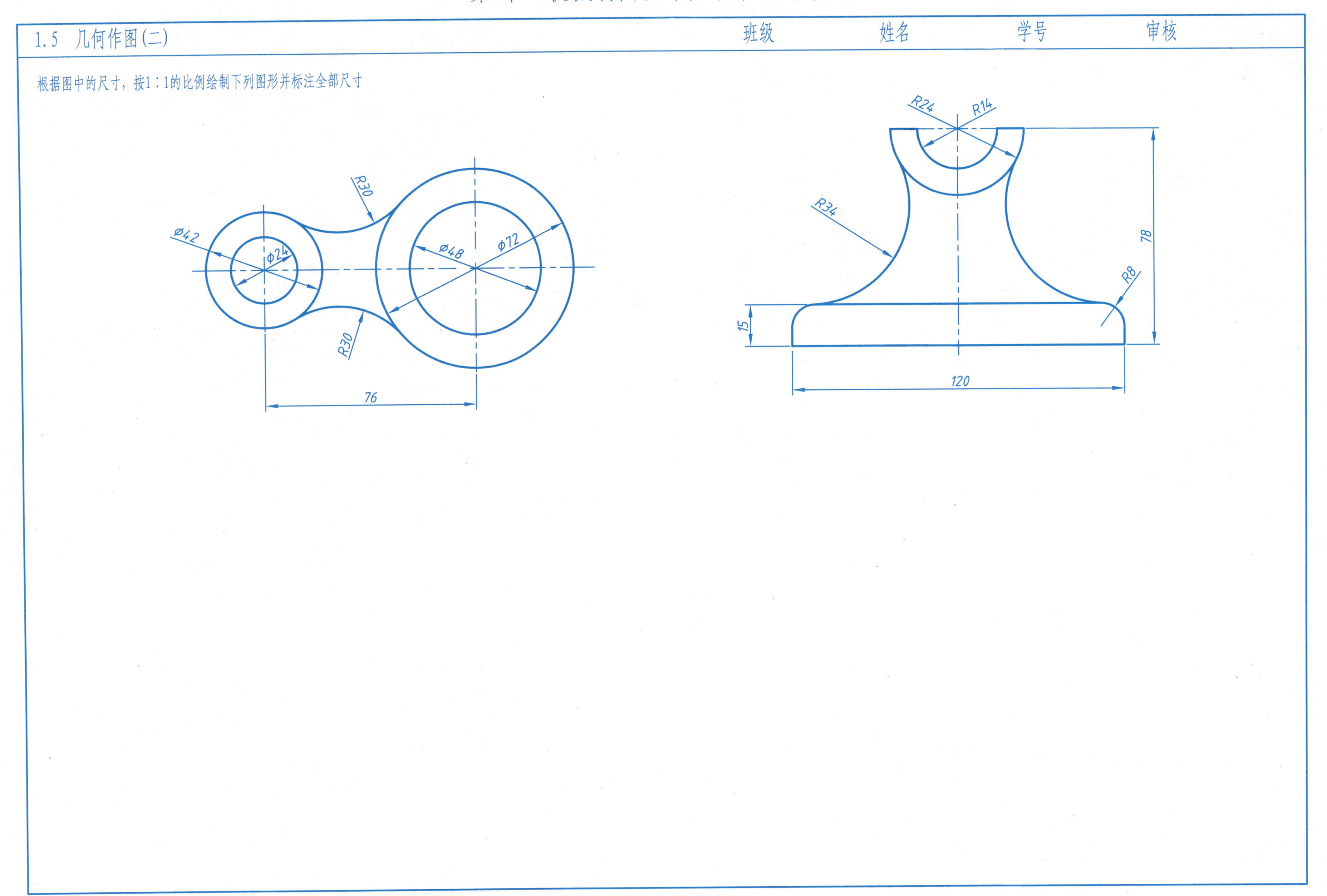
1.5　几何作图(二)
班级
姓名
学号
审核
根据图中的尺寸，按1：1的比例绘制下列图形并标注全部尺寸
R30
ϕ42
ϕ24
ϕ48
ϕ72
R30
76
R24
R14
R34
78
R8
15
120

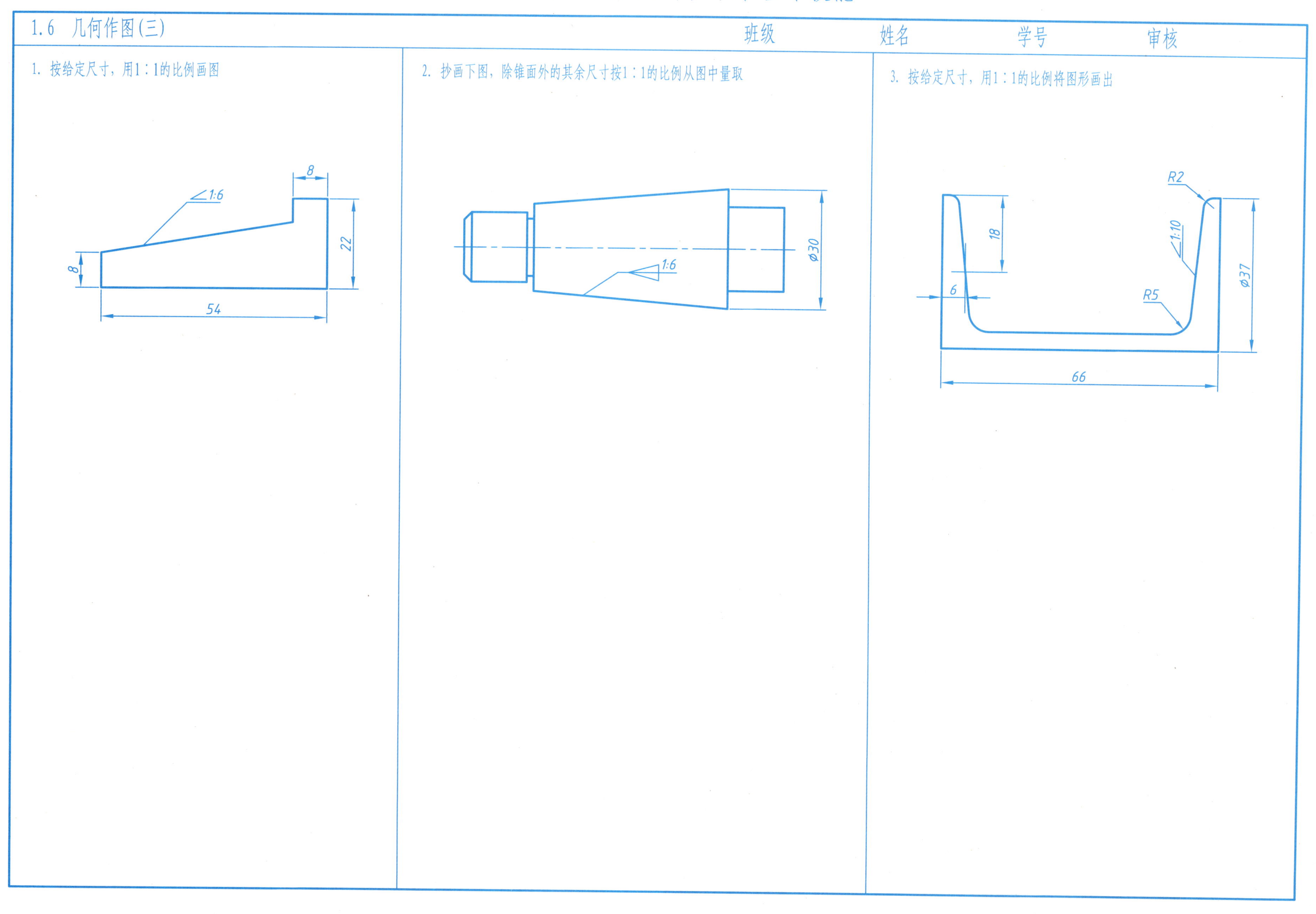
1.6　几何作图(三)
班级
姓名
学号
审核
1. 按给定尺寸，用1∶1的比例画图
1:6
8
22
8
54
2. 抄画下图，除锥面外的其余尺寸按1∶1的比例从图中量取
1:6
ø30
3. 按给定尺寸，用1∶1的比例将图形画出
R2
18
1:10
6
R5
ø37
66

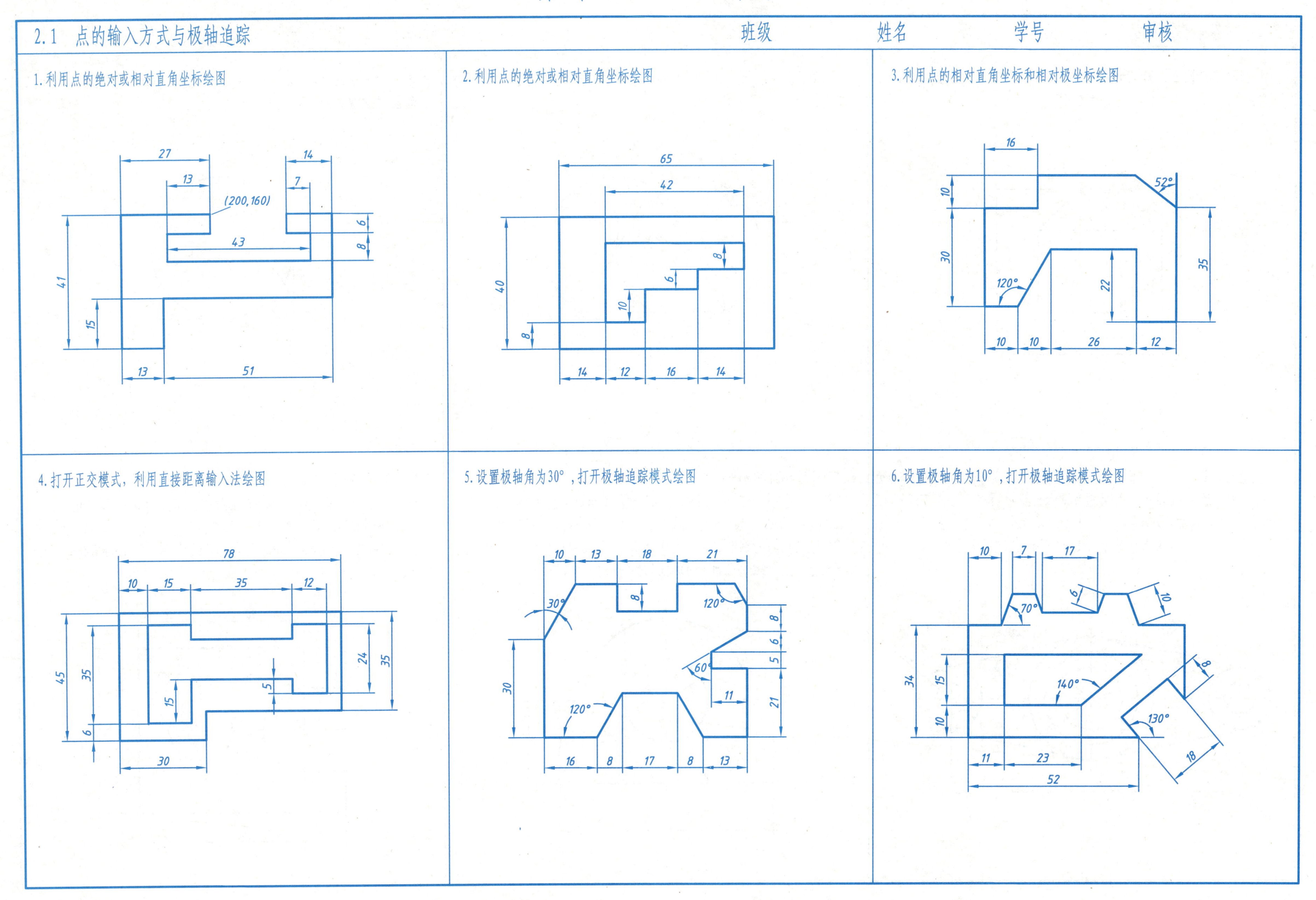
2.1 点的输入方式与极轴追踪
班级
姓名
学号
审核
1. 利用点的绝对或相对直角坐标绘图
(200,160)
2. 利用点的绝对或相对直角坐标绘图
3. 利用点的相对直角坐标和相对极坐标绘图
4. 打开正交模式，利用直接距离输入法绘图
5. 设置极轴角为30°，打开极轴追踪模式绘图
6. 设置极轴角为10°，打开极轴追踪模式绘图

2.2　对象捕捉与图层

班级　　姓名　　学号　　审核

1. 作一边长为40的正方形，在该正方形的外边再作两个正方形，外边的正方形的四边的中点是里边的正方形的四个顶点

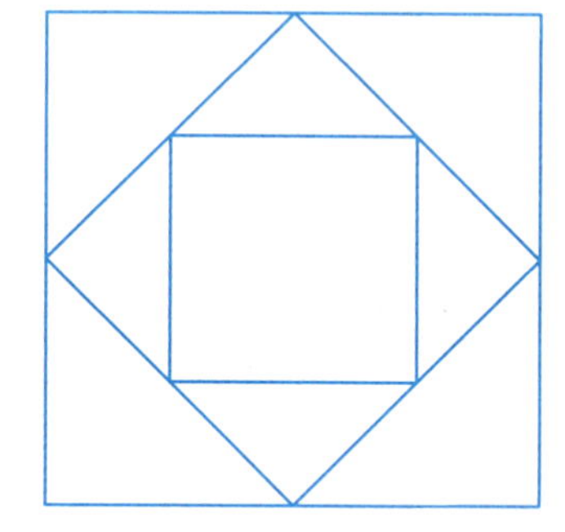

2. 作一边长为50的等边三角形，分别以三角形三边的中点为圆心，作三个互相相交的圆

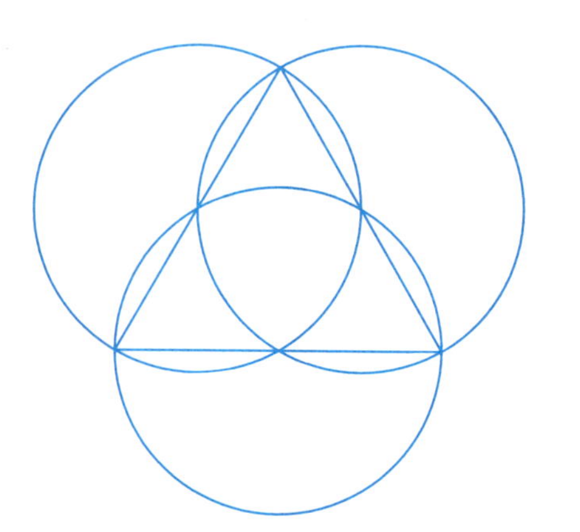

3. 画两个直径为50的圆，第二个圆的圆心位于第一个圆的下象限点，再分别以两圆的左右象限点为顶点作四边形

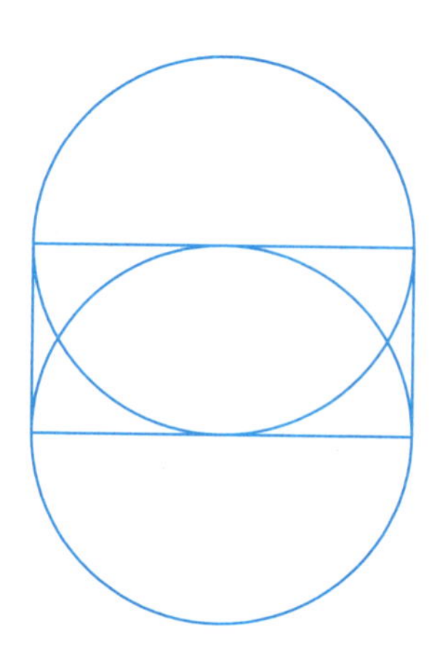

4. 建立图形界限200×100，长度单位采用十进制，精度为小数点后两位，单位为毫米；建立新图层L1和L2，L1线型为Center，颜色为红色，线宽为0.25，L2线型为连续线，颜色为绿色，线宽为0.5；在L1上绘制中心线，在L2上绘制所有圆和公切线。注意调整线型比例，使线型Center有合适的显示效果

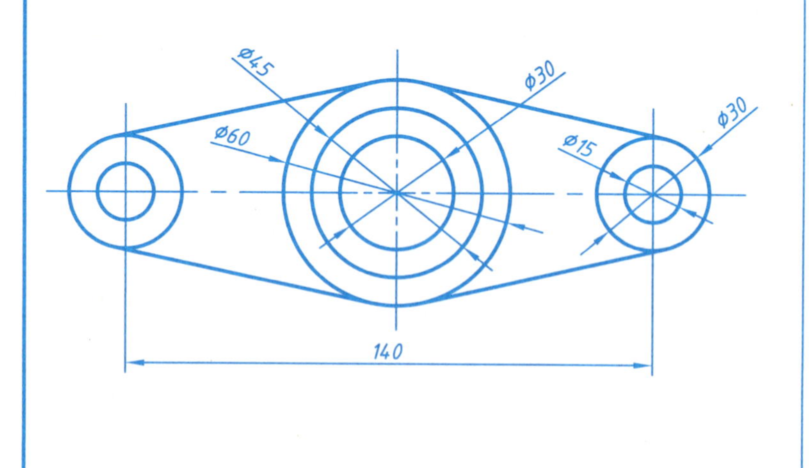

5. 建立图形界限200×180，长度单位采用十进制，精度为小数点后两位，单位为毫米；建立新图层L1、L2和L3，L1线型为Center，颜色为红色，线宽0.25；L2线型Dashed2，颜色为蓝色，线宽0.25；L3线型为默认，颜色为黑色，线宽0.5。在L1上绘制中心线，L2上绘制虚线，L3上绘出图形的其他部分。注意线型比例，使线型Center和Dashed2有合适的显示效果

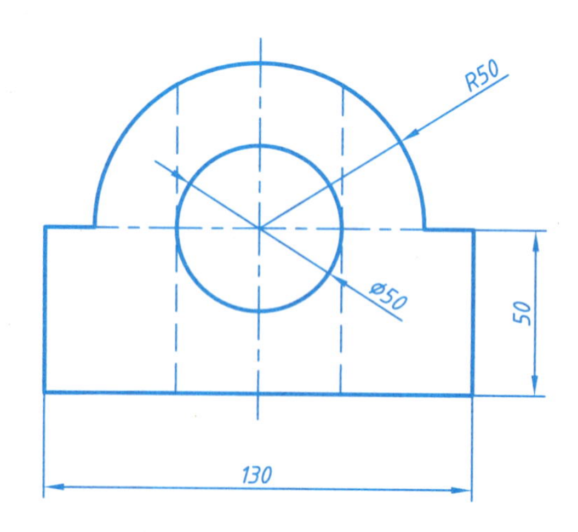

6. 建立图形界限150×130，左下角为（30，20）；长度单位采用十进制，精度为小数点后两位，单位为毫米；建立新图层A和B，A层线型为Center，颜色为红色，线宽0.25；B层线型为默认，颜色为蓝色，线宽0.5；在A层上绘制中心线，在B层上绘制实线部分。注意线型比例，使线型Center有合适的显示效果

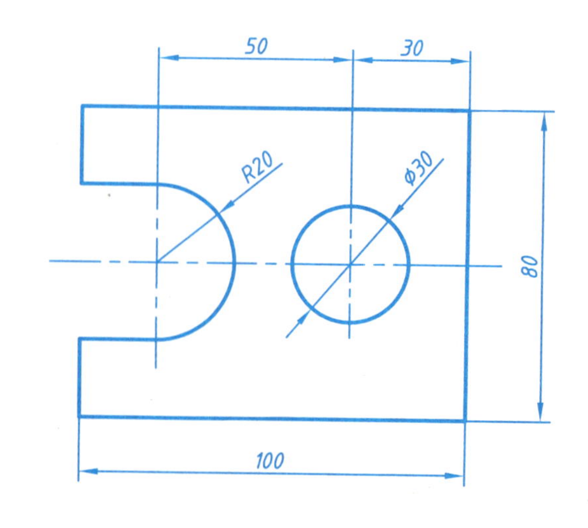

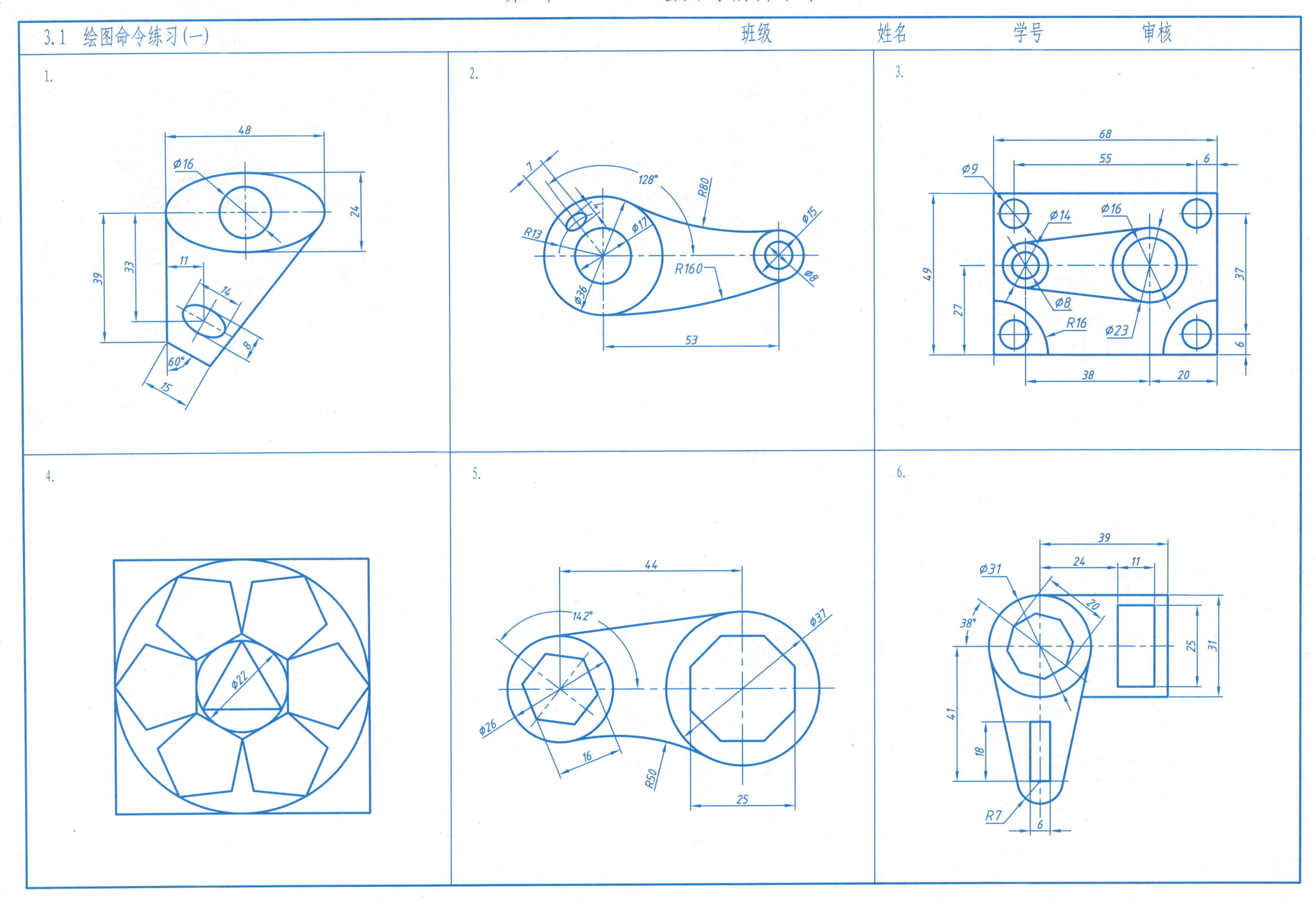
3.1　绘图命令练习(一)
班级
姓名
学号
审核
1.
48
Ø16
24
39
33
11
14
8
60°
15
2.
7
128°
R80
R13
Ø17
Ø15
R160
Ø36
Ø8
53
3.
68
55
6
Ø9
Ø14
Ø16
49
37
27
Ø8
R16
Ø23
6
38
20
4.
Ø22
5.
44
142°
Ø37
Ø26
16
R50
25
6.
39
24
11
Ø31
20
38°
25
31
41
18
R7
6

3.2 绘图命令练习(二) 班级 姓名 学号 审核

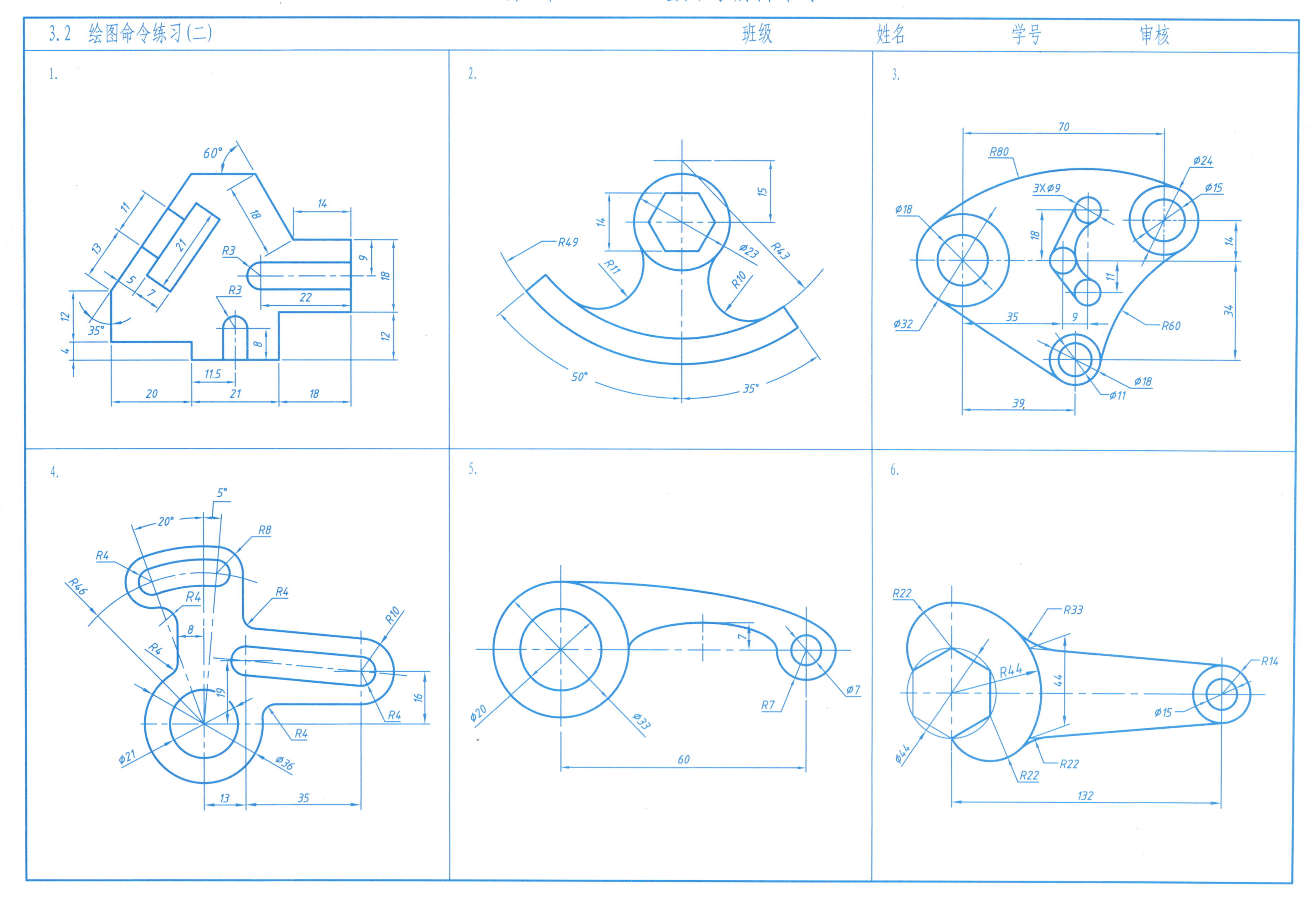

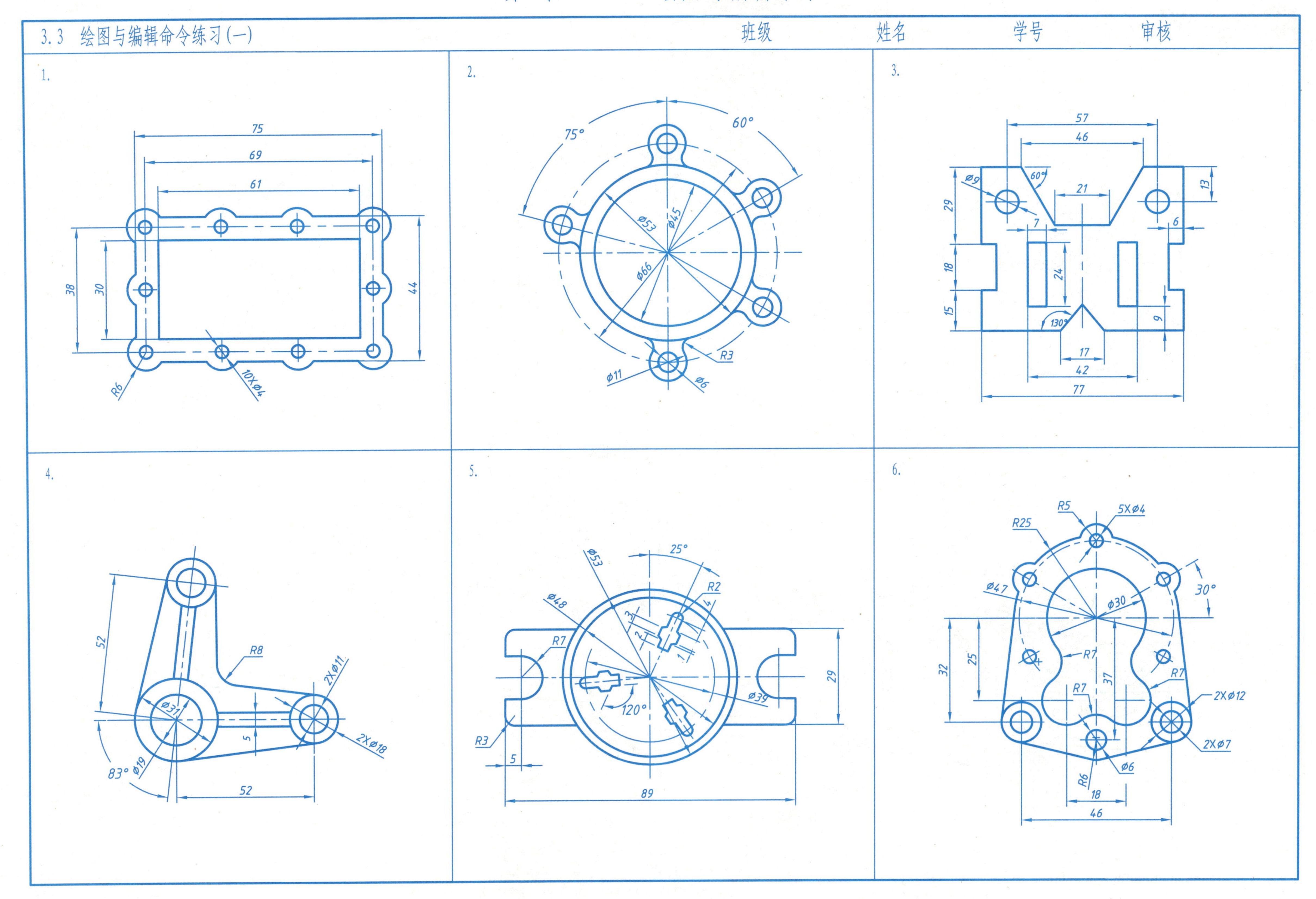
3.3 绘图与编辑命令练习(一)
班级
姓名
学号
审核
1.
75
69
61
38
30
44
R6
10XØ4
2.
75°
60°
Ø53
Ø45
Ø66
Ø11
R3
Ø6
3.
57
46
Ø9
60°
21
13
29
7
6
18
24
15
130°
9
17
42
77
4.
52
R8
2XØ11
Ø31
5
2XØ18
83°
Ø19
52
5.
Ø53
25°
R2
Ø48
3
2
4
1
R7
120°
Ø39
29
R3
5
89
6.
R5
5XØ4
R25
Ø47
30°
Ø30
R7
R7
37
32
25
R7
2XØ12
2XØ7
Ø6
R6
18
46

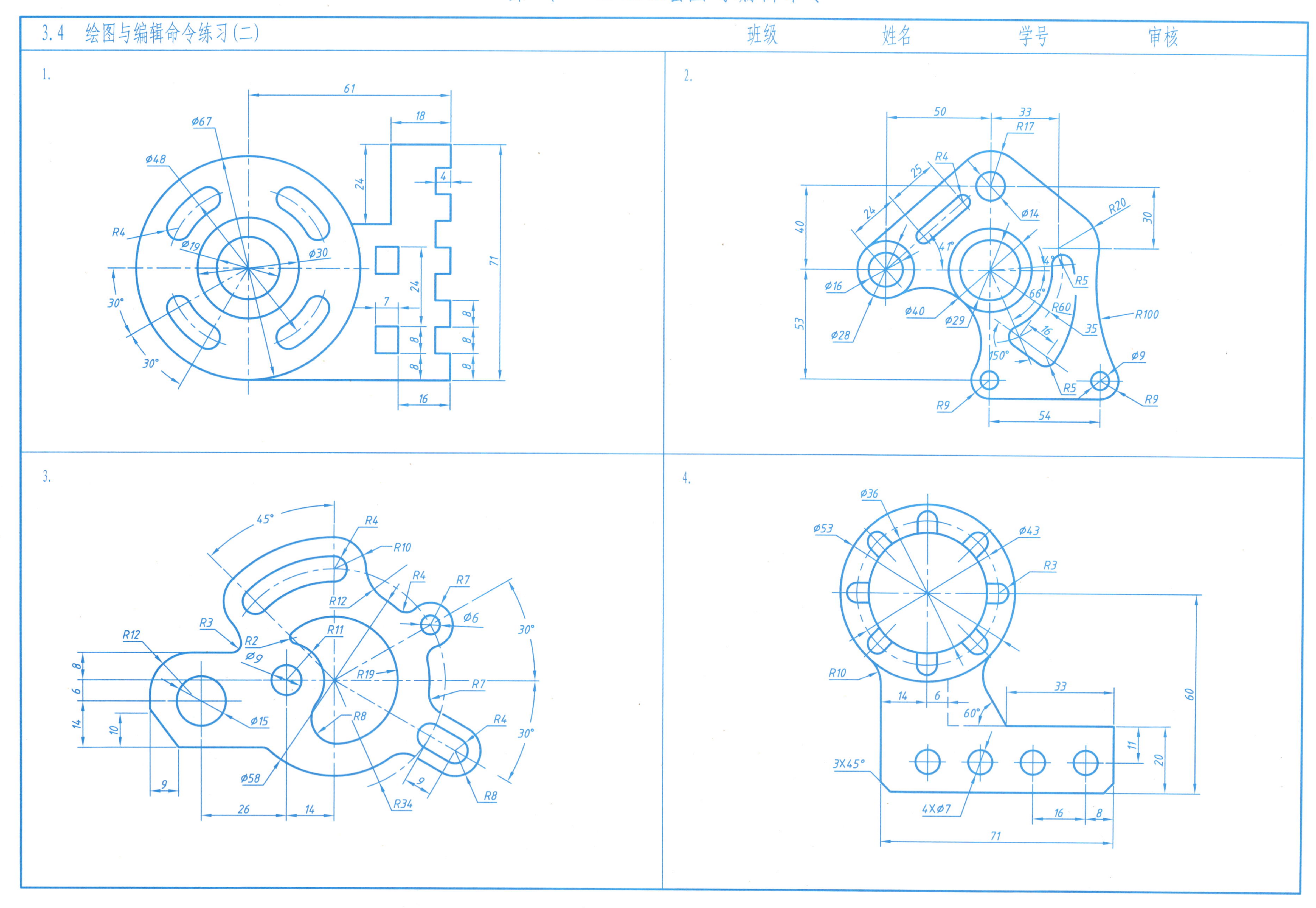
3.4　绘图与编辑命令练习(二)
班级
姓名
学号
审核
1.
2.
3.
4.

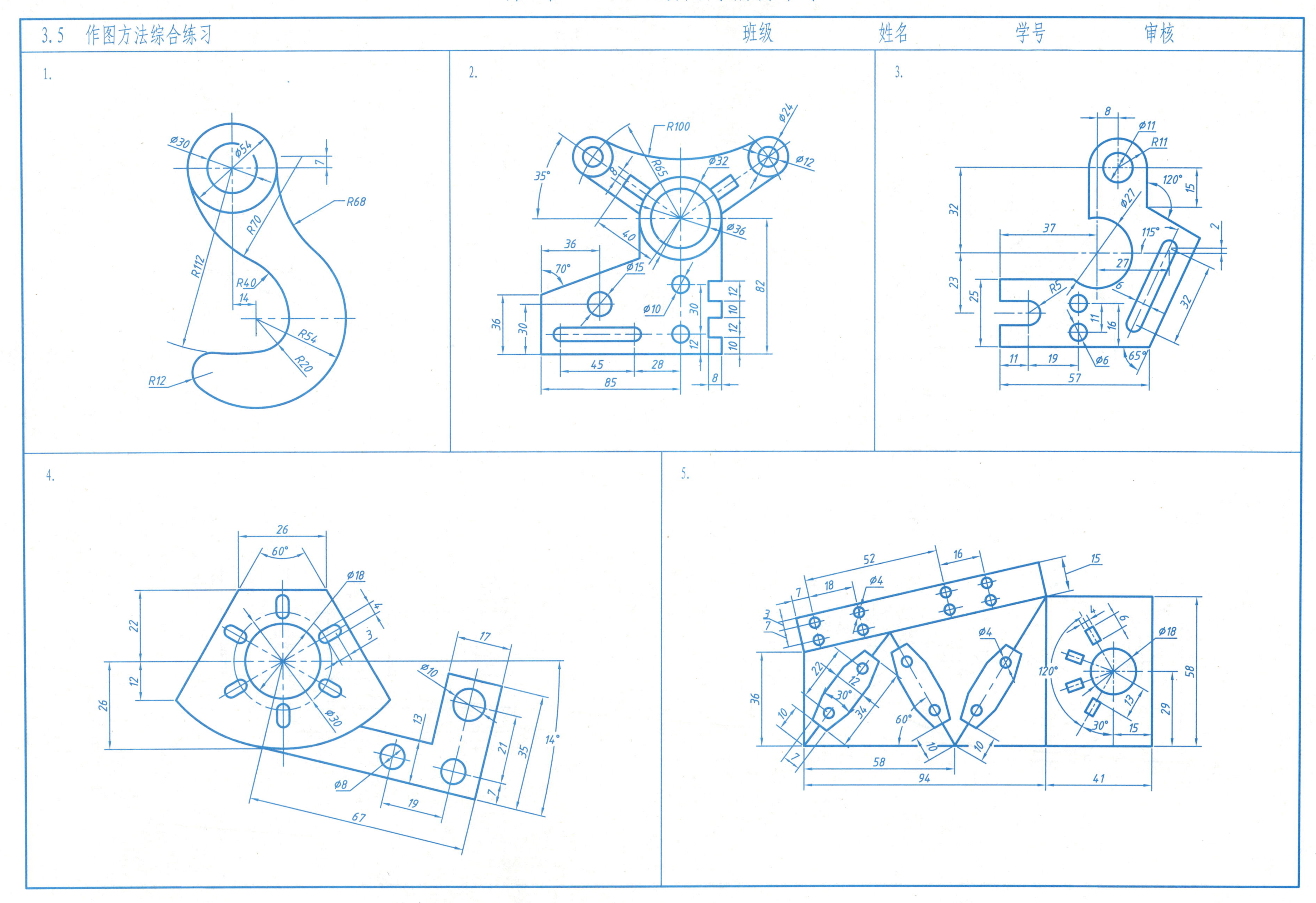
3.5 作图方法综合练习
班级
姓名
学号
审核
1.
2.
3.
4.
5.

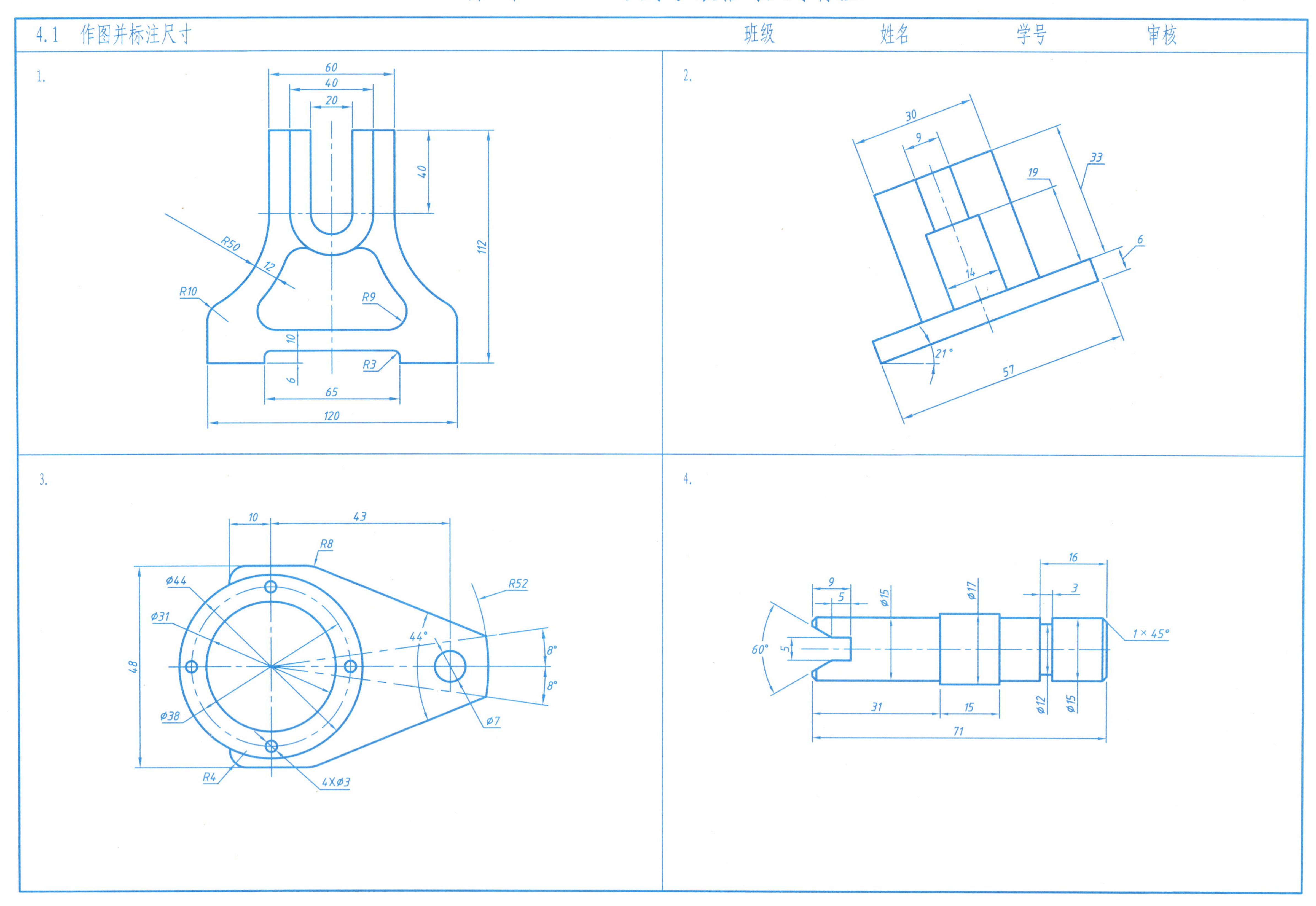
4.1 作图并标注尺寸
班级
姓名
学号
审核
1.
60
40
20
40
112
R50
12
R10
R9
10
6
R3
65
120
2.
30
9
33
19
6
14
21°
57
3.
10
43
R8
R52
ϕ44
ϕ31
44°
8°
8°
48
ϕ38
ϕ7
R4
4Xϕ3
4.
16
9
5
ϕ15
ϕ17
3
1×45°
60°
5
31
15
ϕ12
ϕ15
71

4.2 文字注释

班级 姓名 学号 审核

1. 输入多行文字

(1) 字体为宋体，字高为3.5

AutoCAD是一种计算机辅助设计软件包。它有较强的文本注释功能，提供多种字体，并可注释分式$\frac{a}{b}$、角标X^n、正/负号±、度符号°和直径符号⌀。

(2) 字体为“gbenor,gbcbig”，字高分别为5，3.5

技术要求

1. 未加工表面去除毛刺，涂防锈漆。
2. 未注铸造圆角R2~3。
3. 未注倒角为C1。

2. 输入文字

(1) 单行文字，字体为仿宋，字高为3.5

牵引钢丝绳的起重量是20t，起重速度30m/min。
支承滑轮的间距是1800mm。
制动器型号为YWZ800/300。

(2) 多行文字，字体为“gbeitc, gbcbig.shx”，字高为5

1. 主梁在制造完毕后，应按二次抛物线：$y=f(x)=4(L-x)x/L^2$起拱。
2. 钢板厚度$\delta \geq 8mm$。

3. 绘制表格并填写单行文字：字高：3.5，字体为宋体

法向模数	Mn	2
齿数	Z	80
径向变位系数	X	0.06
精度等级		8-Dc
公法线长度	F	43.872±0.186

（尺寸：总宽70，列宽24、12、34；总高40）

注：表格中的“径向变为系数”、“公法线长度”和“43.872±0.186”采用“调整”对齐方式。

4. 绘制表格并填写多行文字：字体为楷体，字高分别为4和3

技术性能	物料堆积密度	γ	240kg/m^5
	物料最大块度	α	580mm
	许可环境温度		-30~+45°
	许可牵引力	F_x	45000N
	调速范围	v	≤120r/min
	生产率	ξ	110~180m^3/h

（尺寸：总宽78，列宽11、29、12、26；总高48）

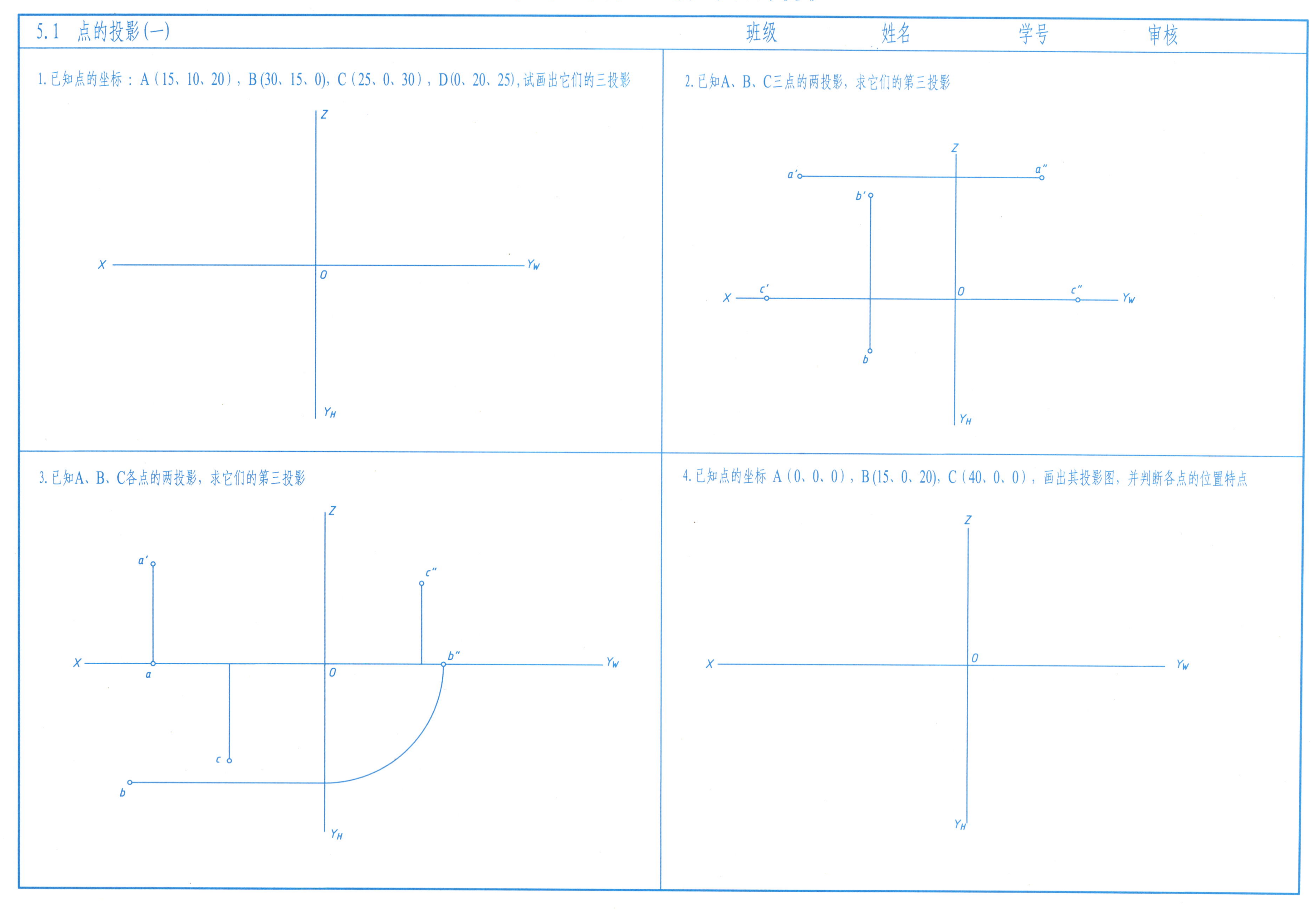
5.1　点的投影(一)
班级
姓名
学号
审核
1. 已知点的坐标：A（15、10、20），B(30、15、0)，C（25、0、30），D(0、20、25)，试画出它们的三投影
Z
X
O
Y_W
Y_H
2. 已知A、B、C三点的两投影，求它们的第三投影
Z
a′
a″
b′
X
c′
O
c″
Y_W
b
Y_H
3. 已知A、B、C各点的两投影，求它们的第三投影
Z
a′
c″
X
b″
Y_W
a
O
c
b
Y_H
4. 已知点的坐标 A（0、0、0），B(15、0、20)，C（40、0、0），画出其投影图，并判断各点的位置特点
Z
O
X
Y_W
Y_H

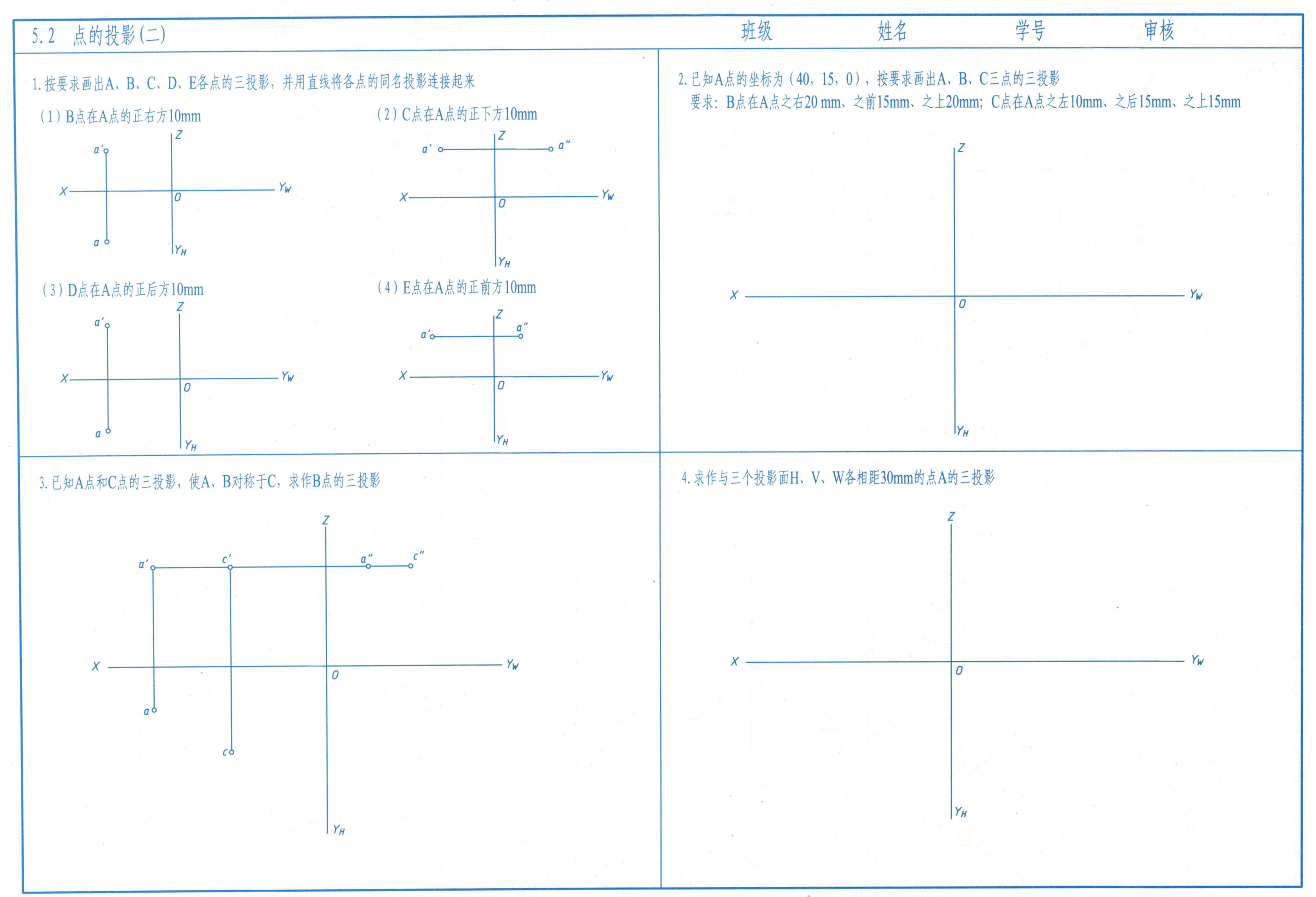

5.2 点的投影(二) 班级 姓名 学号 审核

1. 按要求画出A、B、C、D、E各点的三投影，并用直线将各点的同名投影连接起来

(1) B点在A点的正右方10mm

(2) C点在A点的正下方10mm

(3) D点在A点的正后方10mm

(4) E点在A点的正前方10mm

2. 已知A点的坐标为 (40, 15, 0)，按要求画出A、B、C三点的三投影

要求：B点在A点之右20 mm、之前15mm、之上20mm; C点在A点之左10mm、之后15mm、之上15mm

3. 已知A点和C点的三投影，使A、B对称于C，求作B点的三投影

4. 求作与三个投影面H、V、W各相距30mm的点A的三投影

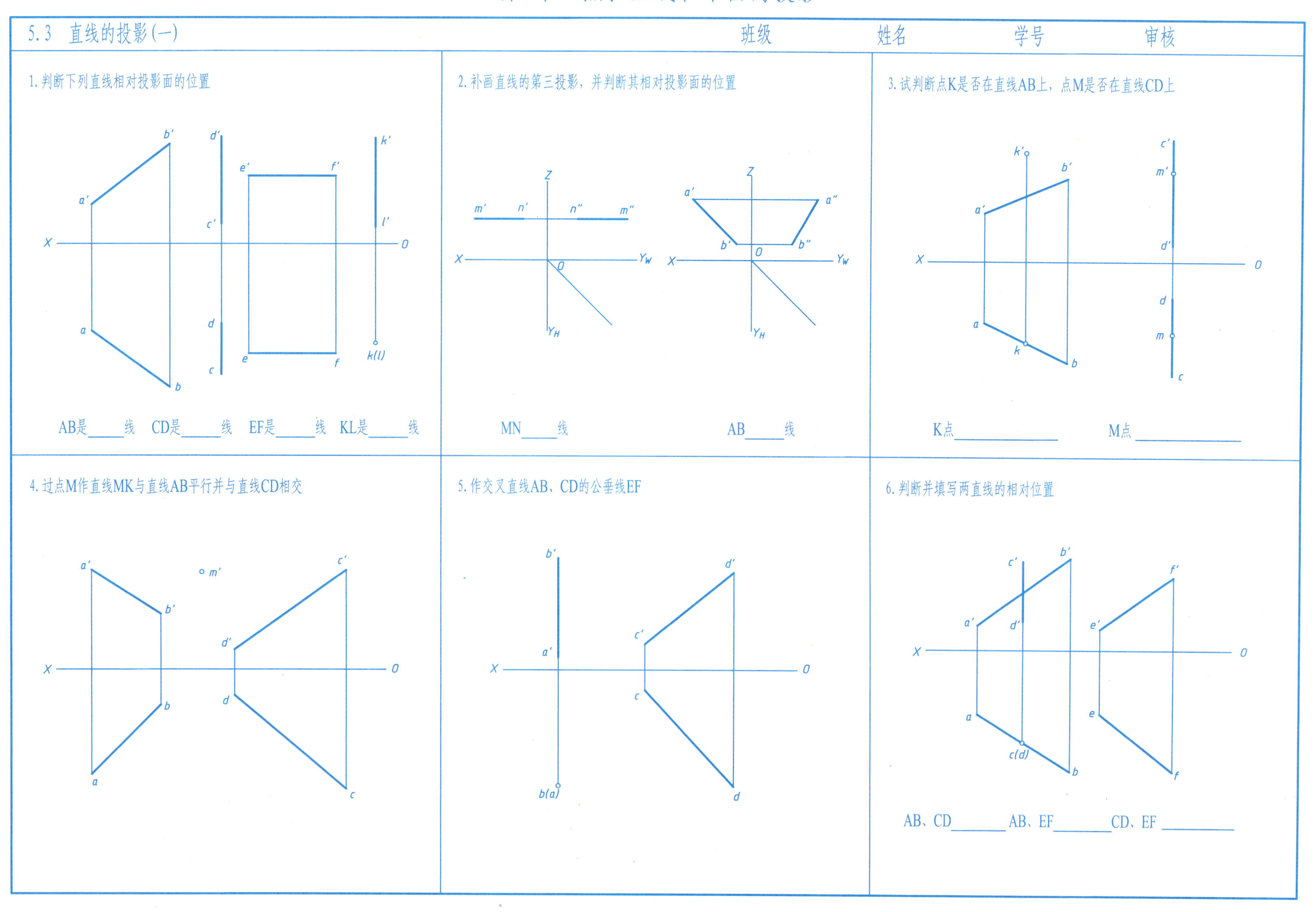
5.3　直线的投影(一)
班级
姓名
学号
审核
1. 判断下列直线相对投影面的位置
AB是____线　CD是____线　EF是____线　KL是____线
2. 补画直线的第三投影，并判断其相对投影面的位置
MN____线
AB____线
3. 试判断点K是否在直线AB上，点M是否在直线CD上
K点____
M点____
4. 过点M作直线MK与直线AB平行并与直线CD相交
5. 作交叉直线AB、CD的公垂线EF
6. 判断并填写两直线的相对位置
AB、CD____　AB、EF____　CD、EF____

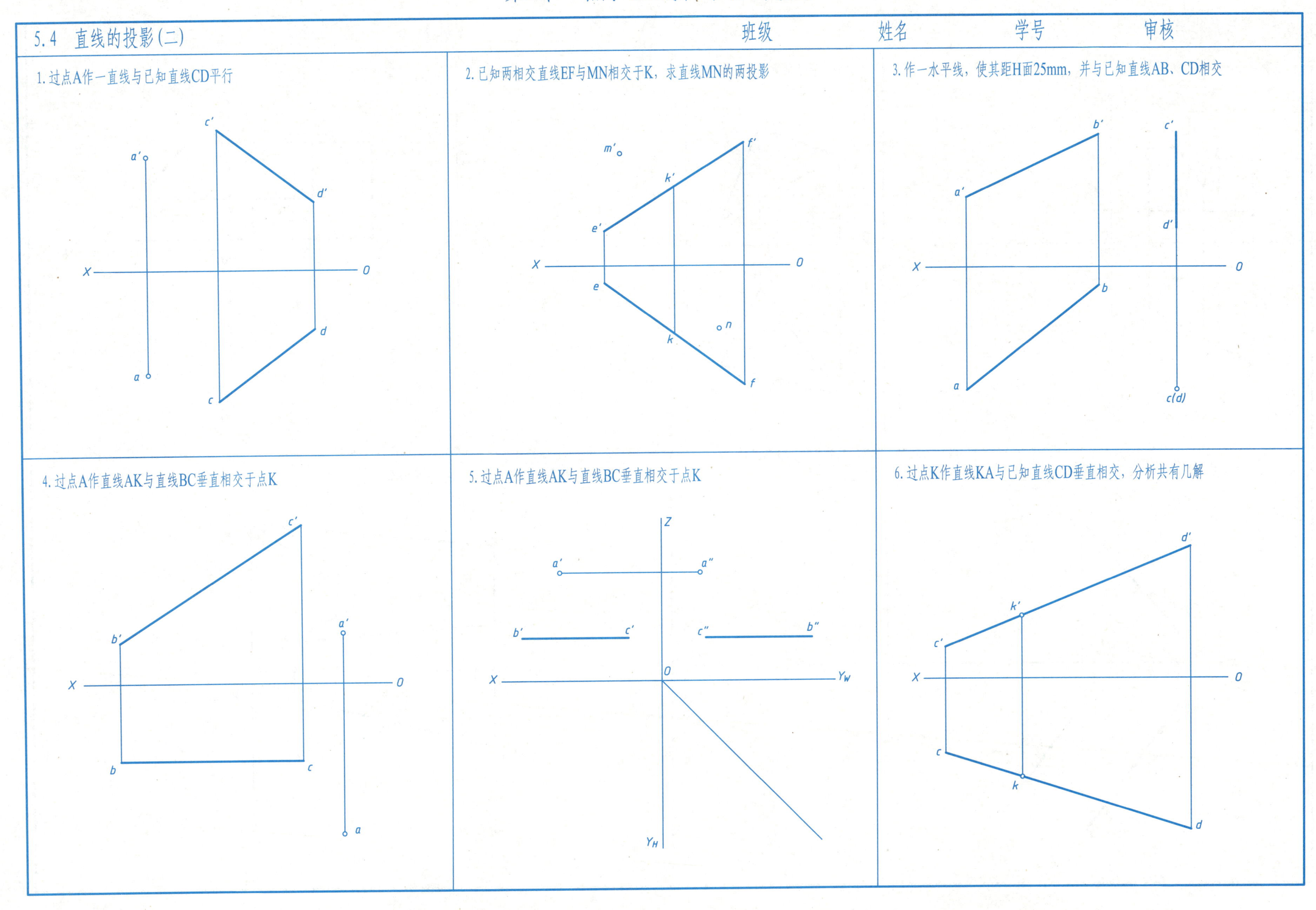
5.4 直线的投影(二)
班级
姓名
学号
审核
1. 过点A作一直线与已知直线CD平行
c′
a′
d′
X
O
d
a
c
2. 已知两相交直线EF与MN相交于K，求直线MN的两投影
m′
f′
k′
e′
X
O
e
n
k
f
3. 作一水平线，使其距H面25mm，并与已知直线AB、CD相交
b′
c′
a′
d′
X
O
b
a
c(d)
4. 过点A作直线AK与直线BC垂直相交于点K
c′
a′
b′
X
O
b
c
a
5. 过点A作直线AK与直线BC垂直相交于点K
Z
a′
a″
b′
c′
c″
b″
X
O
Y_W
Y_H
6. 过点K作直线KA与已知直线CD垂直相交，分析共有几解
d′
k′
c′
X
O
c
k
d

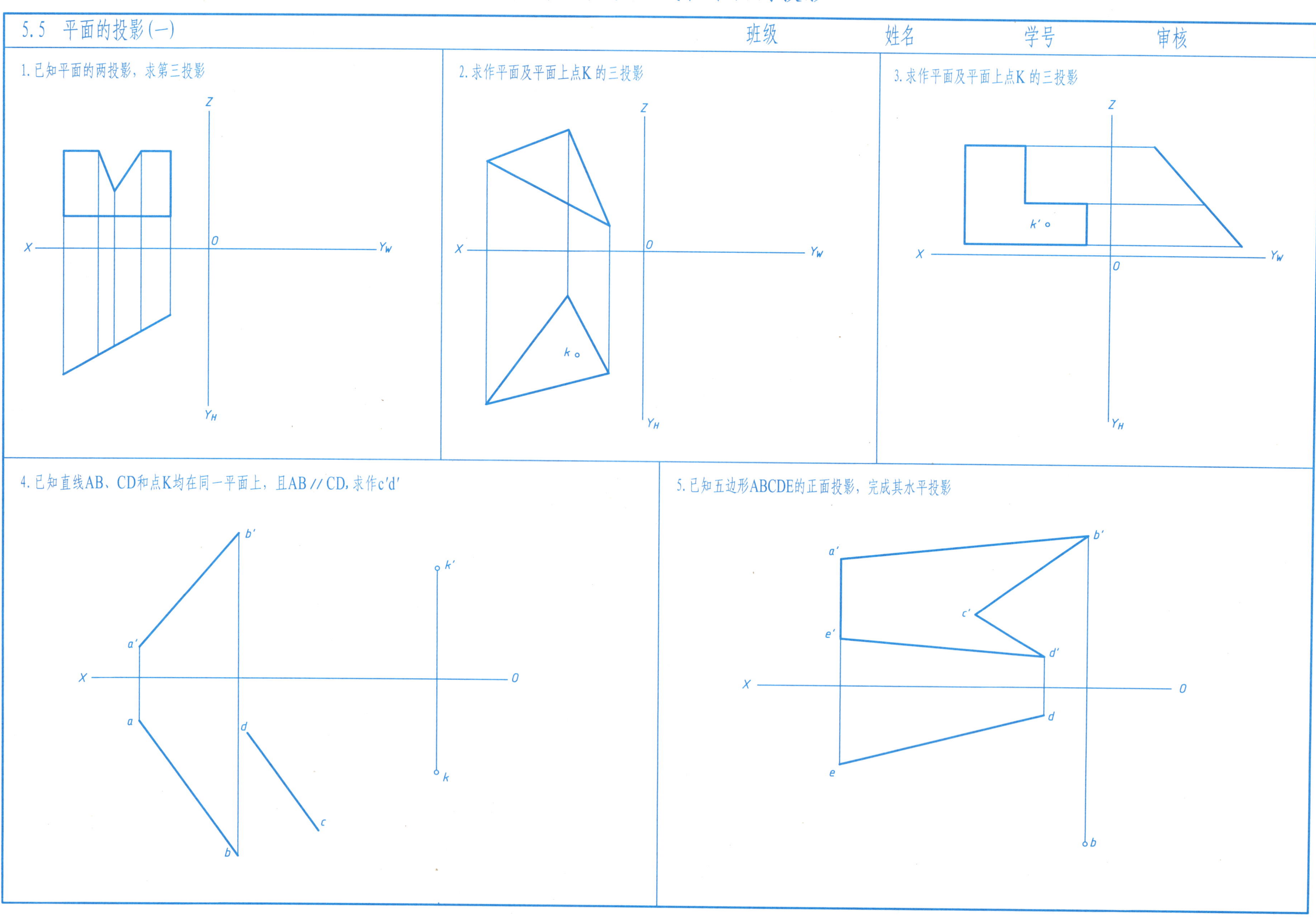
5.5 平面的投影(一)
班级
姓名
学号
审核
1. 已知平面的两投影，求第三投影
Z
X
O
Y_W
Y_H
2. 求作平面及平面上点K 的三投影
Z
X
O
Y_W
k
Y_H
3. 求作平面及平面上点K 的三投影
Z
k'
X
O
Y_W
Y_H
4. 已知直线AB、CD和点K均在同一平面上，且AB // CD，求作c'd'
b'
k'
a'
X
O
a
d
k
c
b
5. 已知五边形ABCDE的正面投影，完成其水平投影
a'
b'
c'
e'
d'
X
O
d
e
b

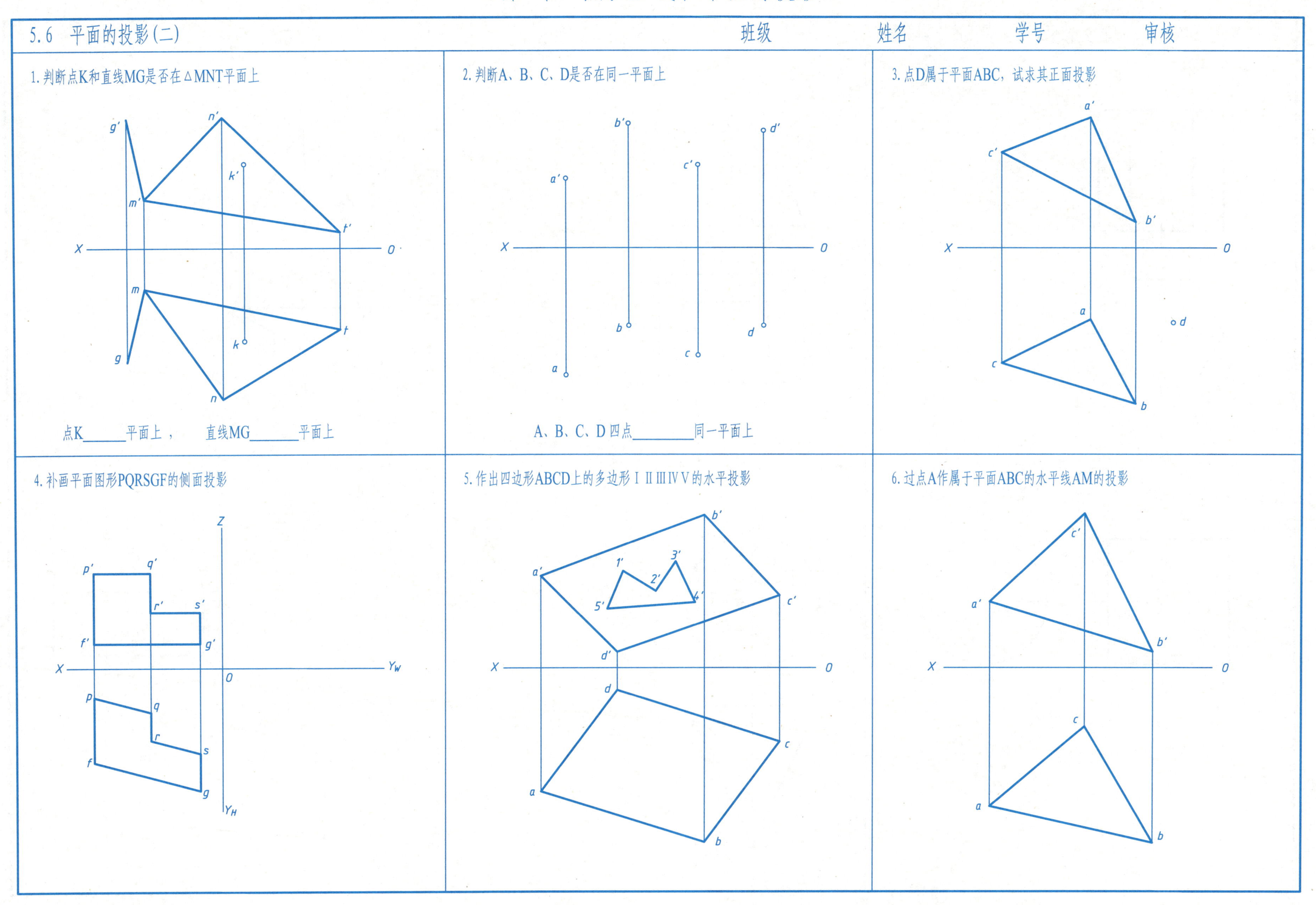
5.6　平面的投影(二)
班级
姓名
学号
审核
1. 判断点K和直线MG是否在△MNT平面上
g′
n′
k′
m′
t′
X
O
m
k
g
n
t
点K______平面上，　直线MG______平面上
2. 判断A、B、C、D是否在同一平面上
b′
d′
c′
a′
X
O
b
d
c
a
A、B、C、D四点________同一平面上
3. 点D属于平面ABC，试求其正面投影
a′
c′
b′
X
O
a
d
c
b
4. 补画平面图形PQRSGF的侧面投影
Z
p′
q′
r′
s′
f′
g′
X
O
Y_W
p
q
r
s
f
g
Y_H
5. 作出四边形ABCD上的多边形Ⅰ Ⅱ Ⅲ Ⅳ Ⅴ的水平投影
b′
1′
3′
a′
2′
5′
4′
c′
d′
X
O
d
c
a
b
6. 过点A作属于平面ABC的水平线AM的投影
c′
a′
b′
X
O
c
a
b

6.1 求作立体的第三视图并补全表面上各点的三面投影　　班级　　姓名　　学号　　审核

1.

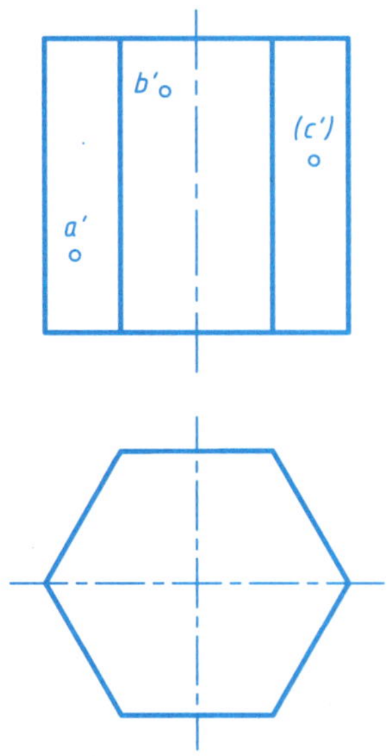

b′ (c′) a′

2.

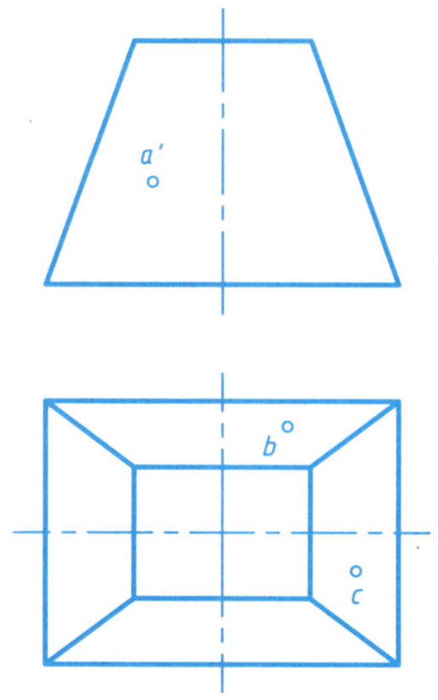

a′ b c

3.

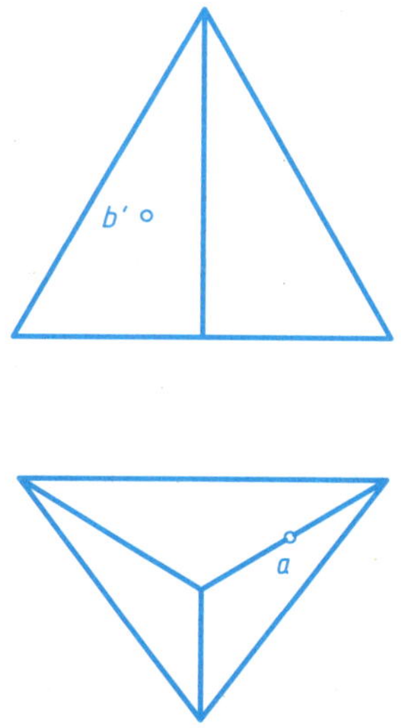

b′ a

4.

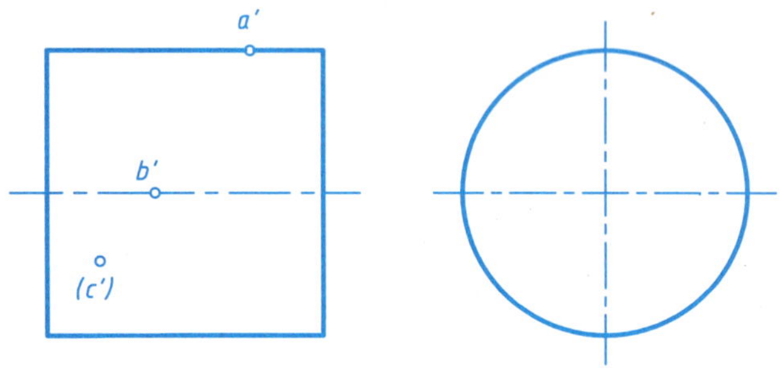

a′ b′ (c′)

5.

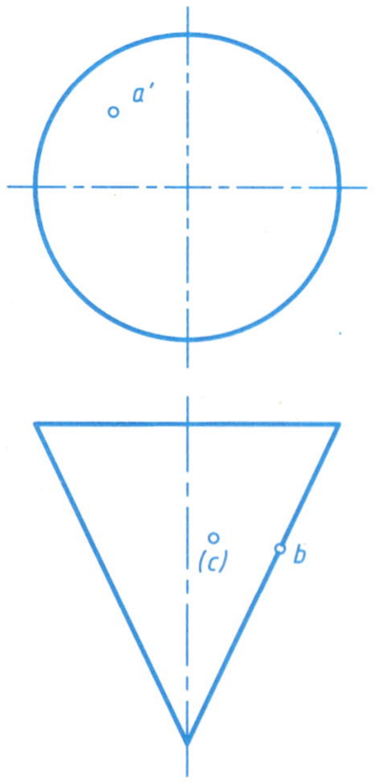

a′ (c) b

6.

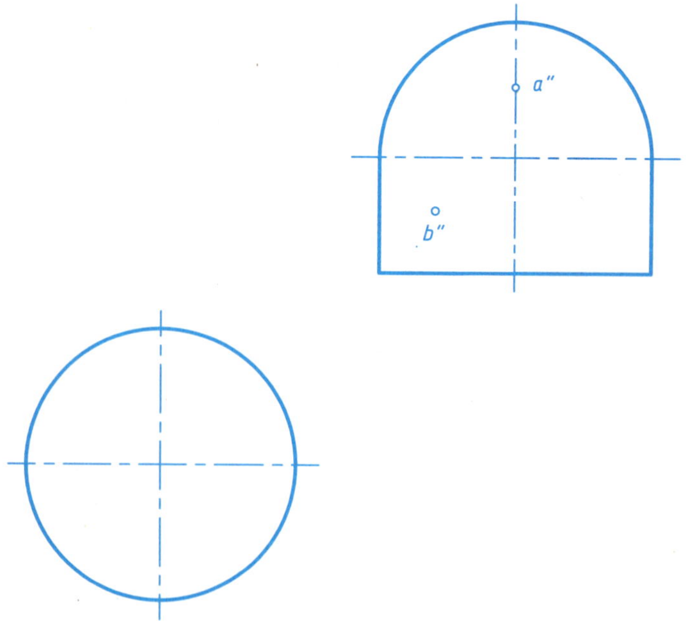

a″ b″

6.2　求作平面与立体表面的交线，并补全立体的投影(一)　　班级　　姓名　　学号　　审核

1.

2.

3.

4.

5.

6.

6.3　求作平面与立体表面的交线，并补全立体的投影(二)　　班级　　姓名　　学号　　审核

1.

2.

3.

4.

5.

6.

6.4　求作相贯线,并完成相贯体的三视图　　班级　　姓名　　学号　　审核

1.

2.

3.

4.

5.

6.

6.5 用辅助平面法求相贯线，完成相贯体的两视图

班级　　姓名　　学号　　审核

1.

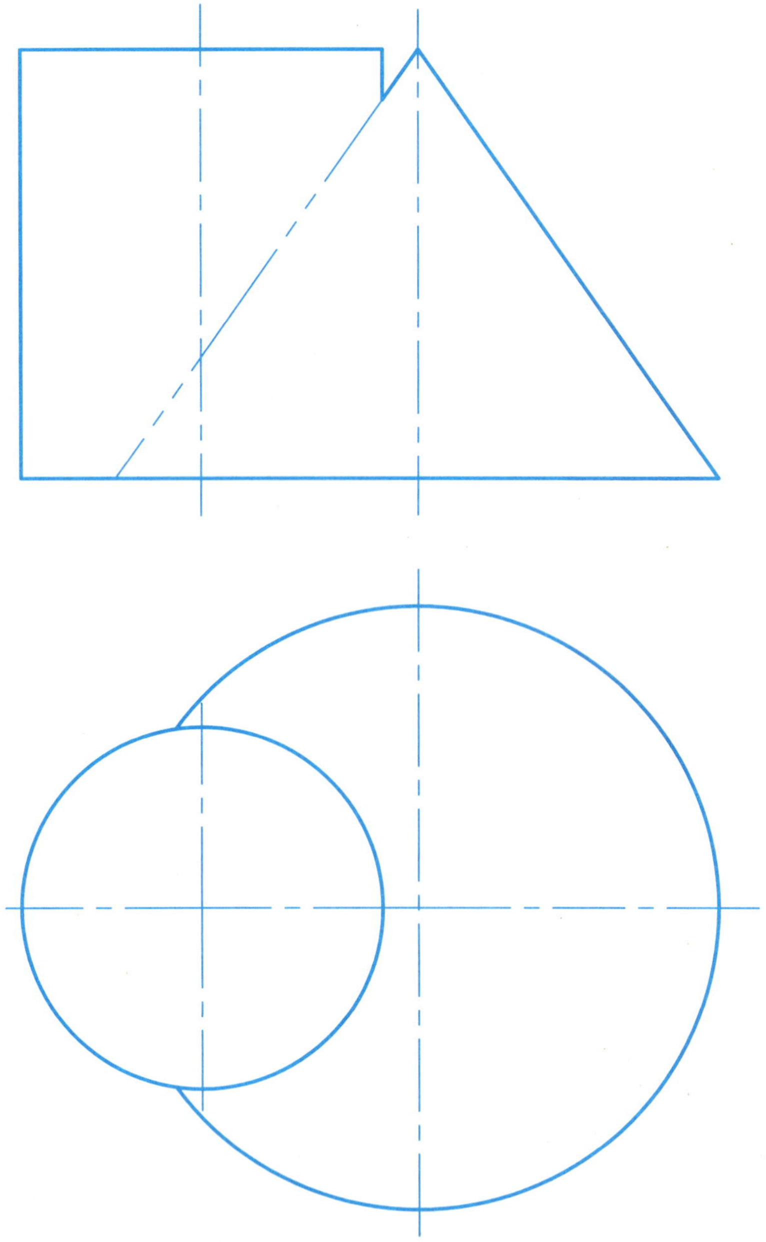

2.

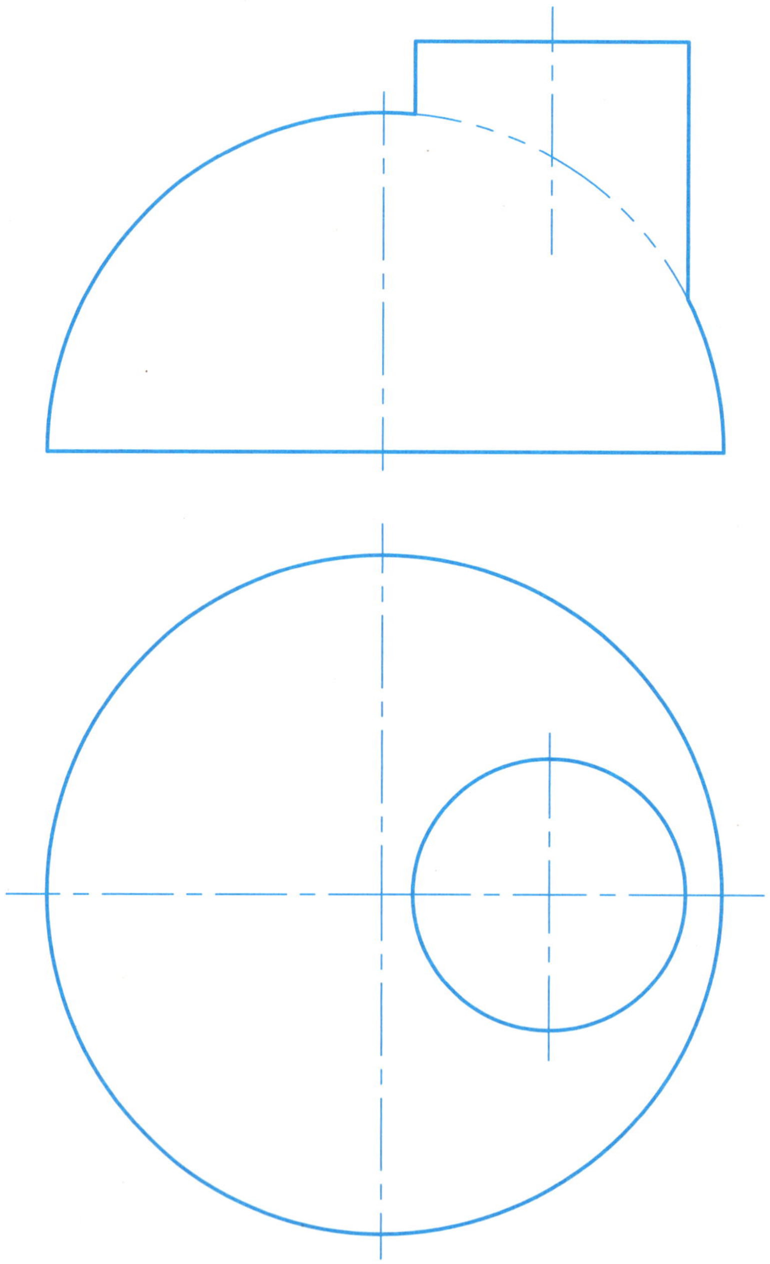

7.1　根据已知视图和立体图补画第三视图　　班级　　姓名　　学号　　审核

1.

2.

3.

4.

5.

6.

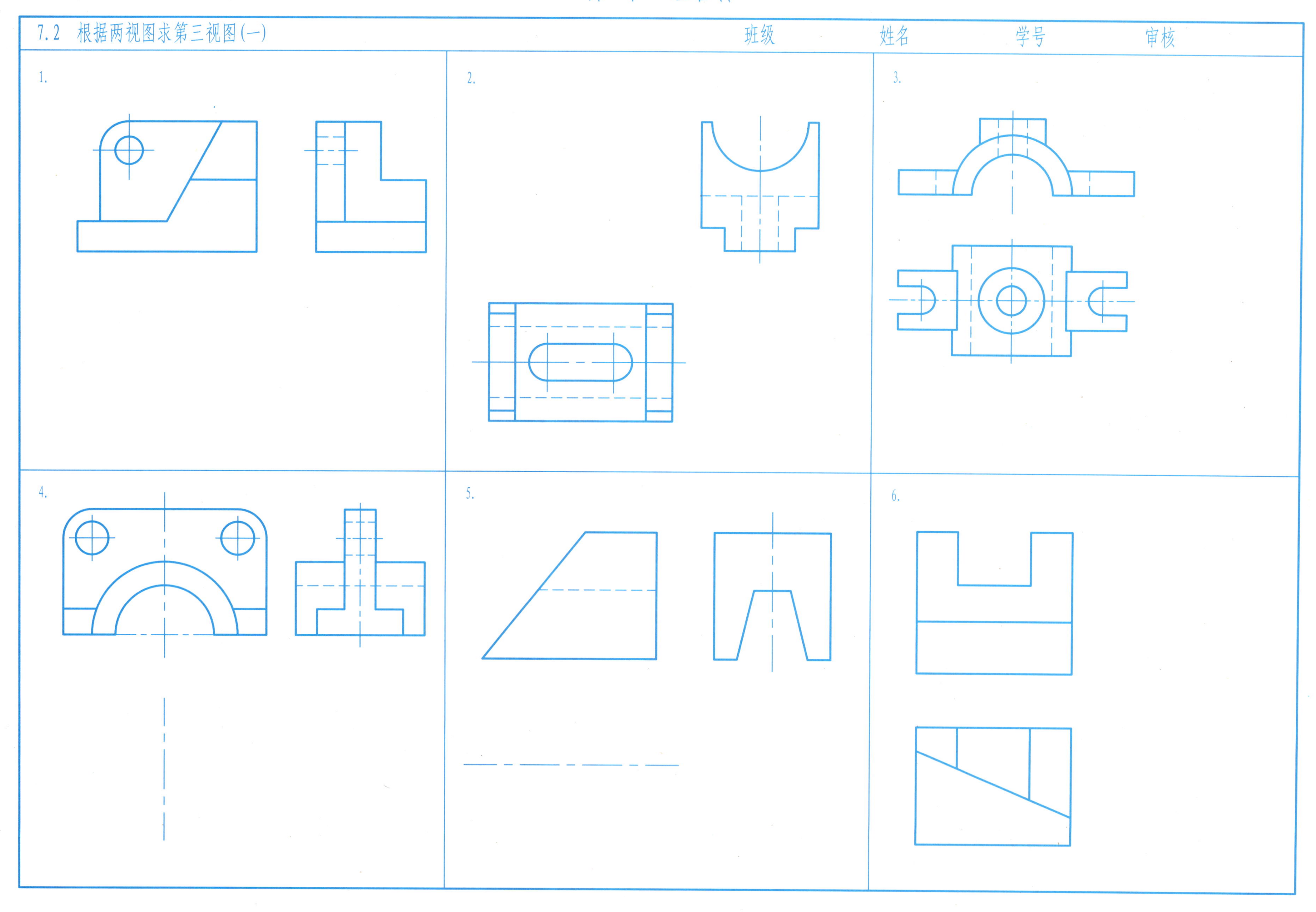
7.2　根据两视图求第三视图(一)
班级
姓名
学号
审核
1.
2.
3.
4.
5.
6.

7.3　根据两视图求第三视图(二)　班级　姓名　学号　审核

1.

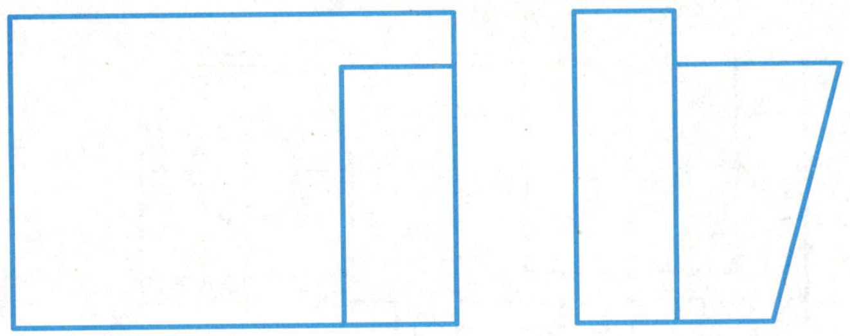

2.

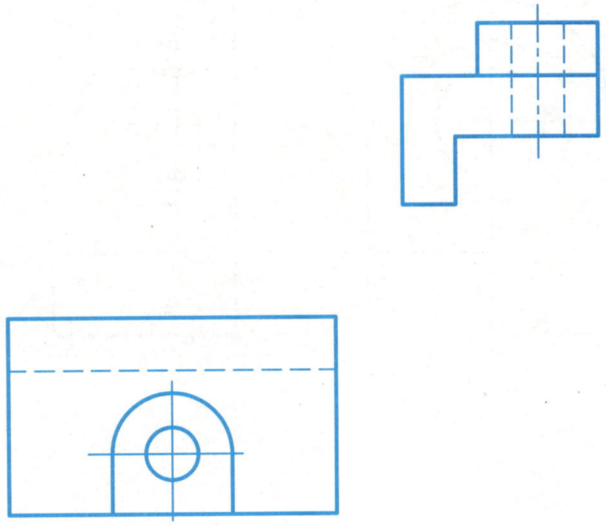

3.

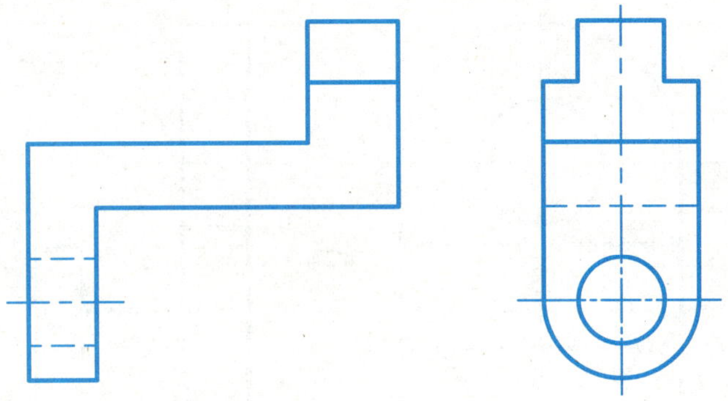

4.

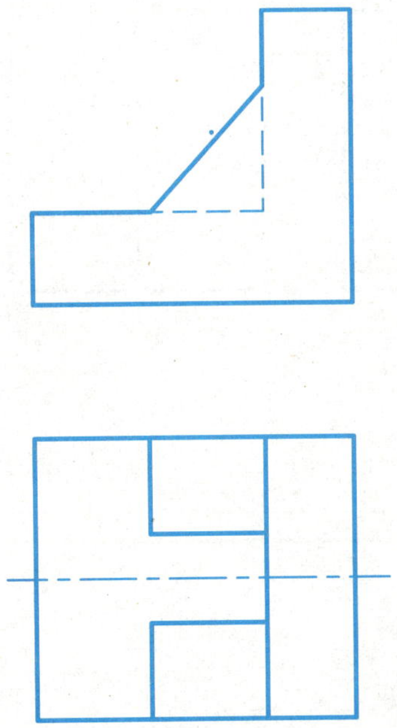

5.

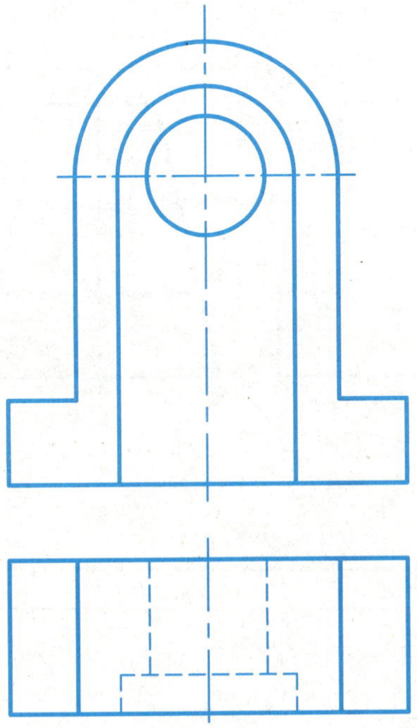

6.

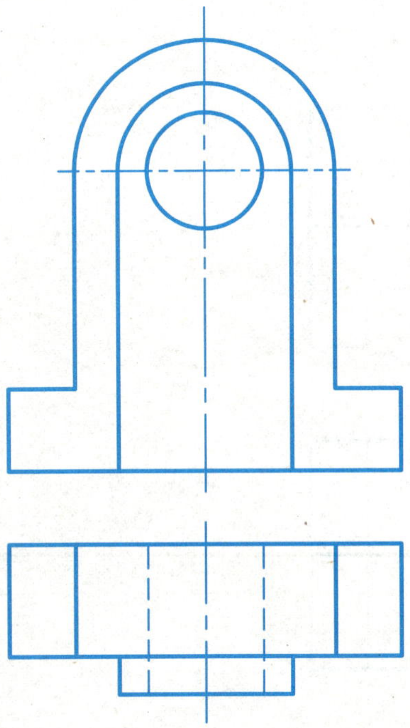

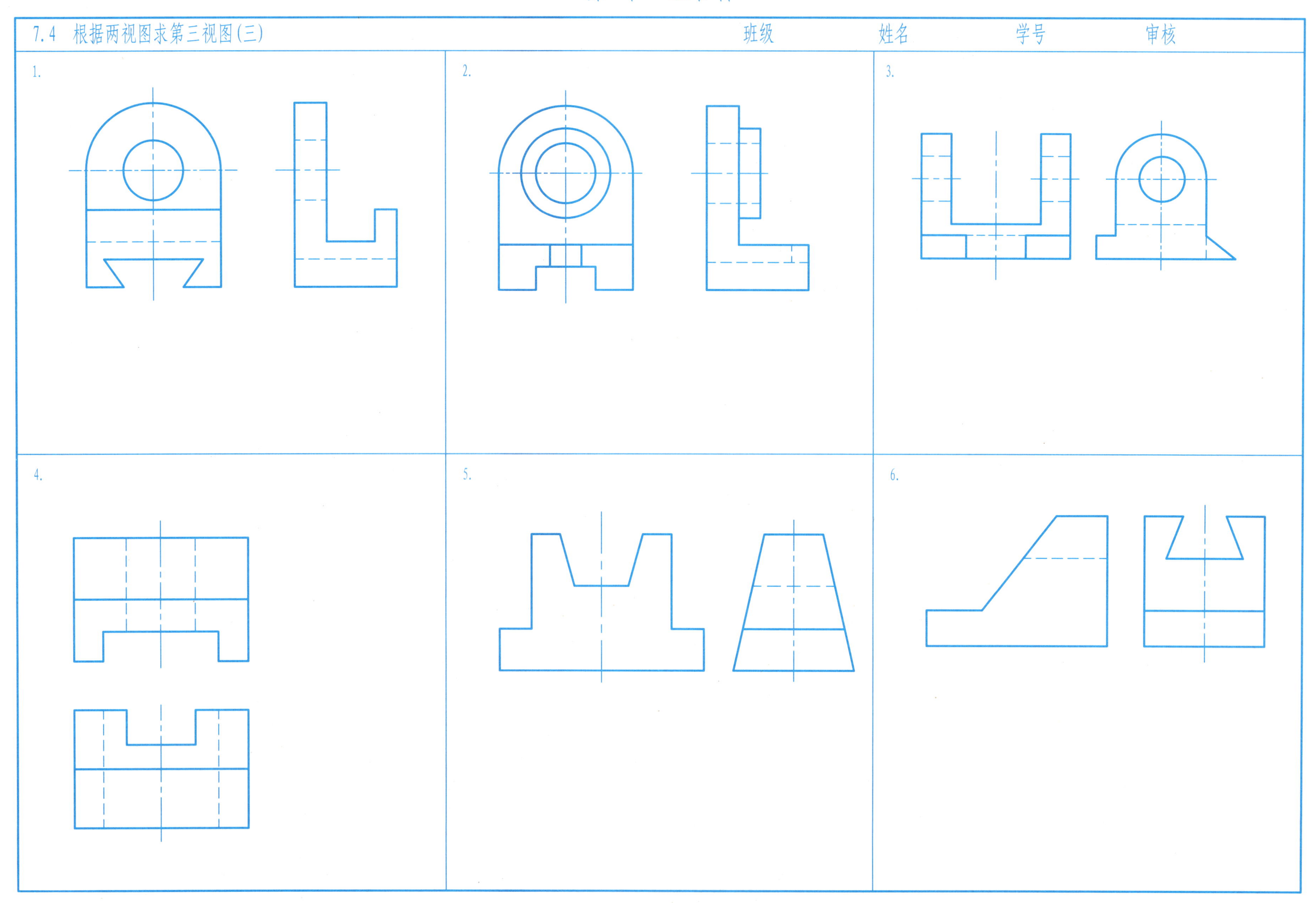
7.4　根据两视图求第三视图(三)
班级
姓名
学号
审核
1.
2.
3.
4.
5.
6.

7.5 根据已知视图想象立体形状，标注其尺寸（尺寸从图上量取）

班级 姓名 学号 审核

1.

2.

3.

4.

5.

6.

7.6　根据已知视图想象立体形状，补全视图上所缺的图线(一)　　班级　　姓名　　学号　　审核

1.

2.

3.

4.

5.

6.

7.7 根据已知视图想象立体形状，补全视图上所缺的图线(二)　　班级　　姓名　　学号　　审核

1.

2.

3.

4.

5.

6.

7.8 根据立体的轴测图和图中所注尺寸绘制立体的三视图　　班级　　姓名　　学号　　审核

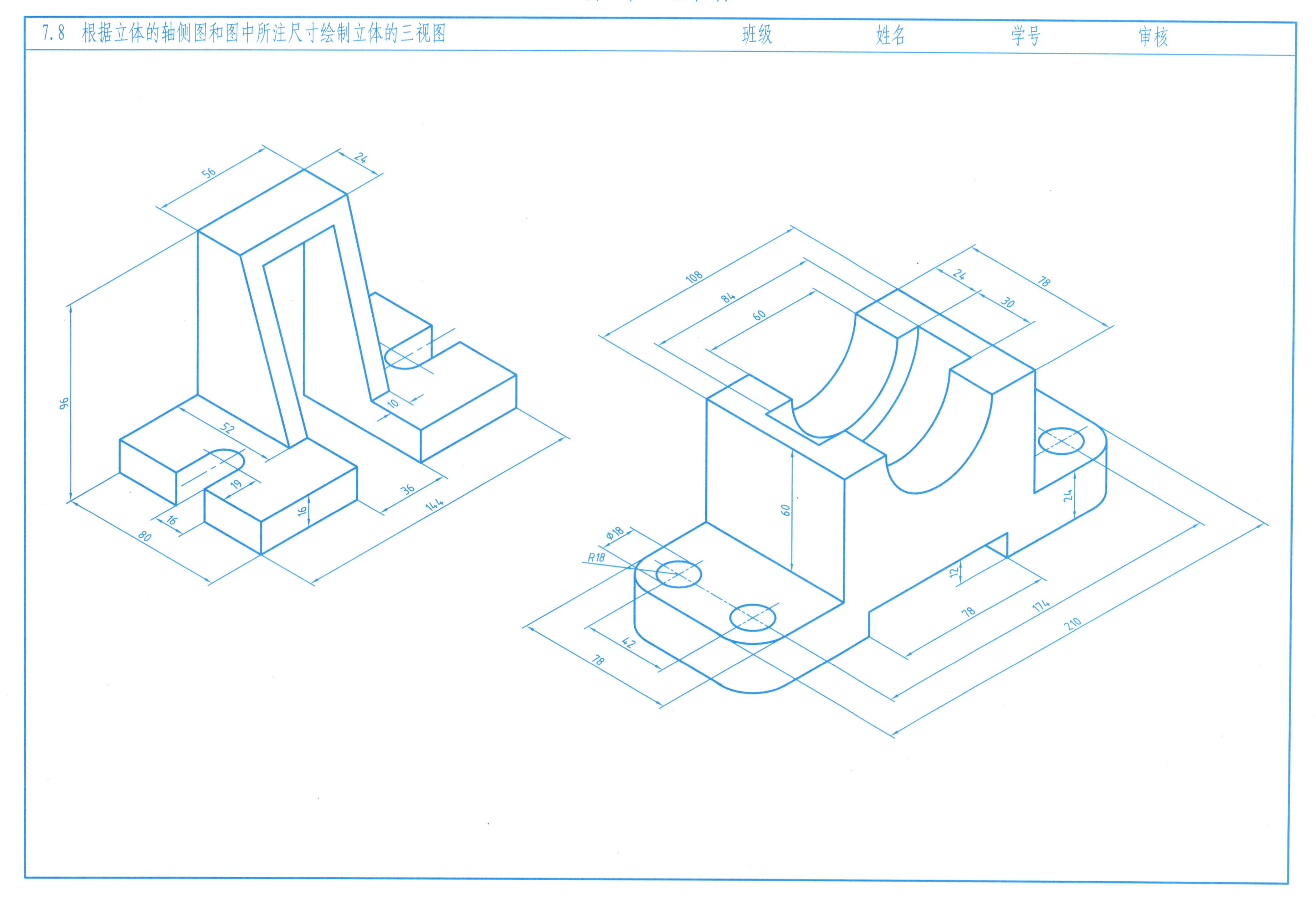

7.9　根据立体的轴测图绘制其三视图，并标注尺寸　　班级　　姓名　　学号　　审核

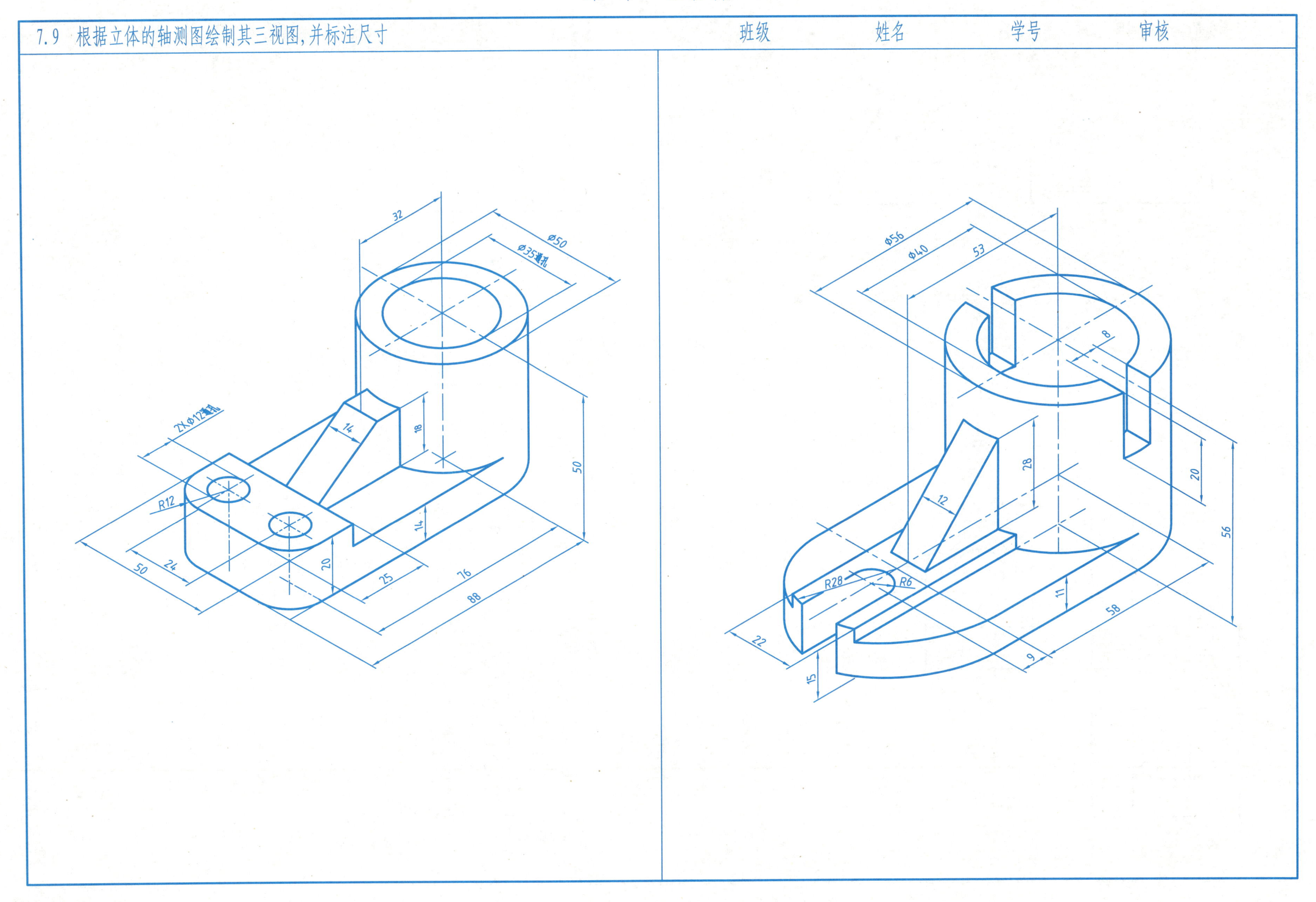

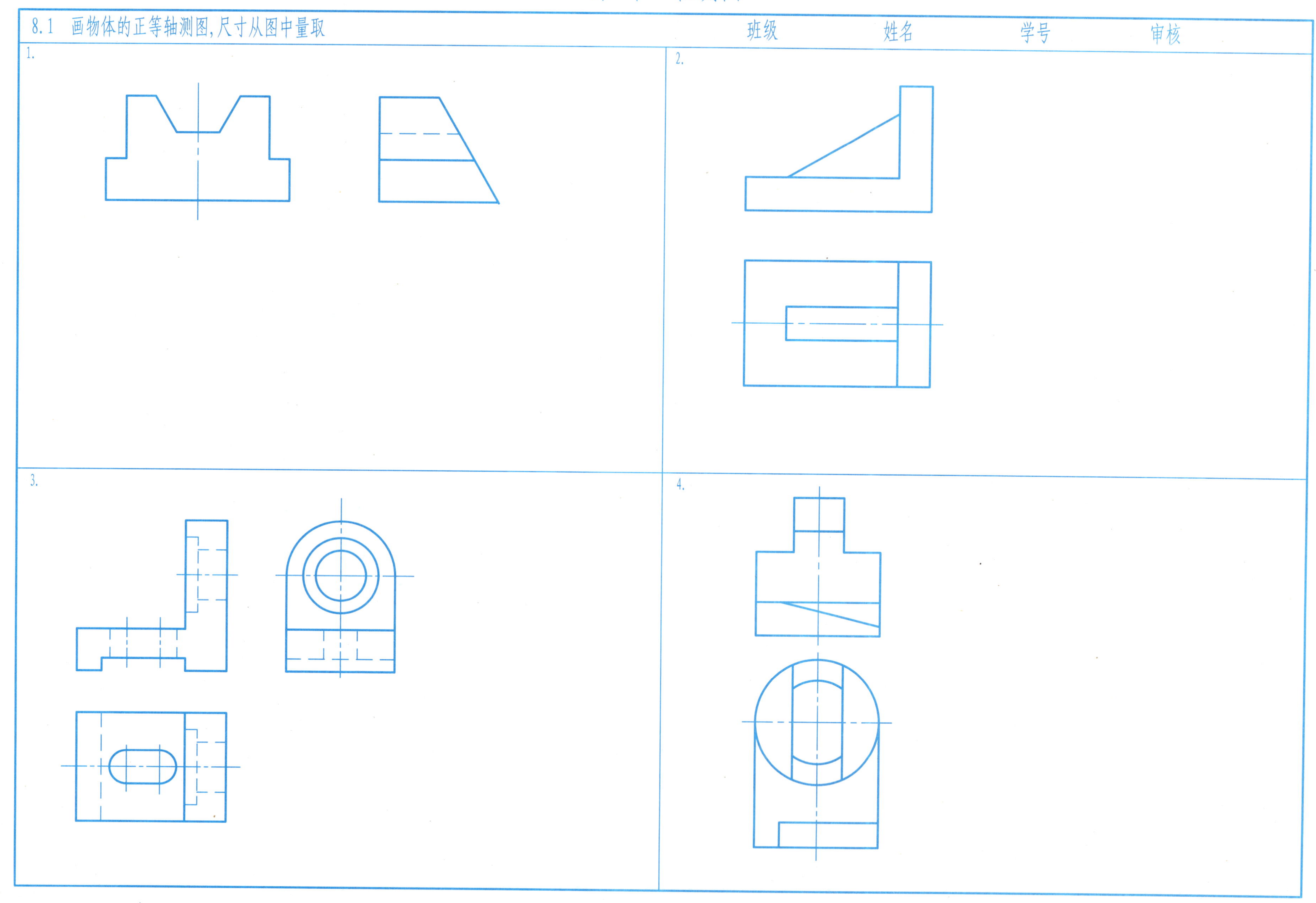
8.1　画物体的正等轴测图,尺寸从图中量取
班级
姓名
学号
审核
1.
2.
3.
4.

8.2 画物体的斜二轴测图，尺寸从图中量取　　班级　　姓名　　学号　　审核

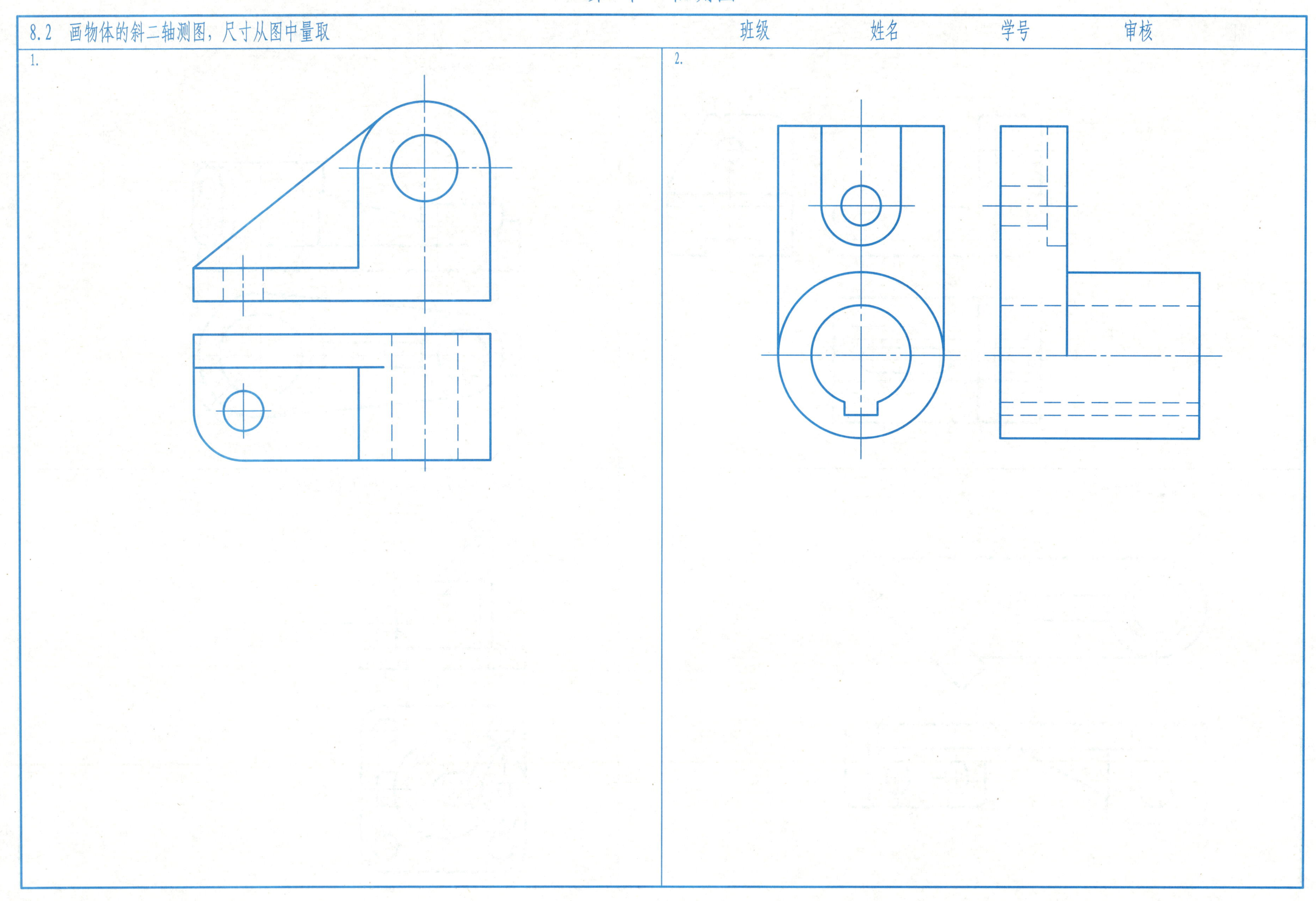

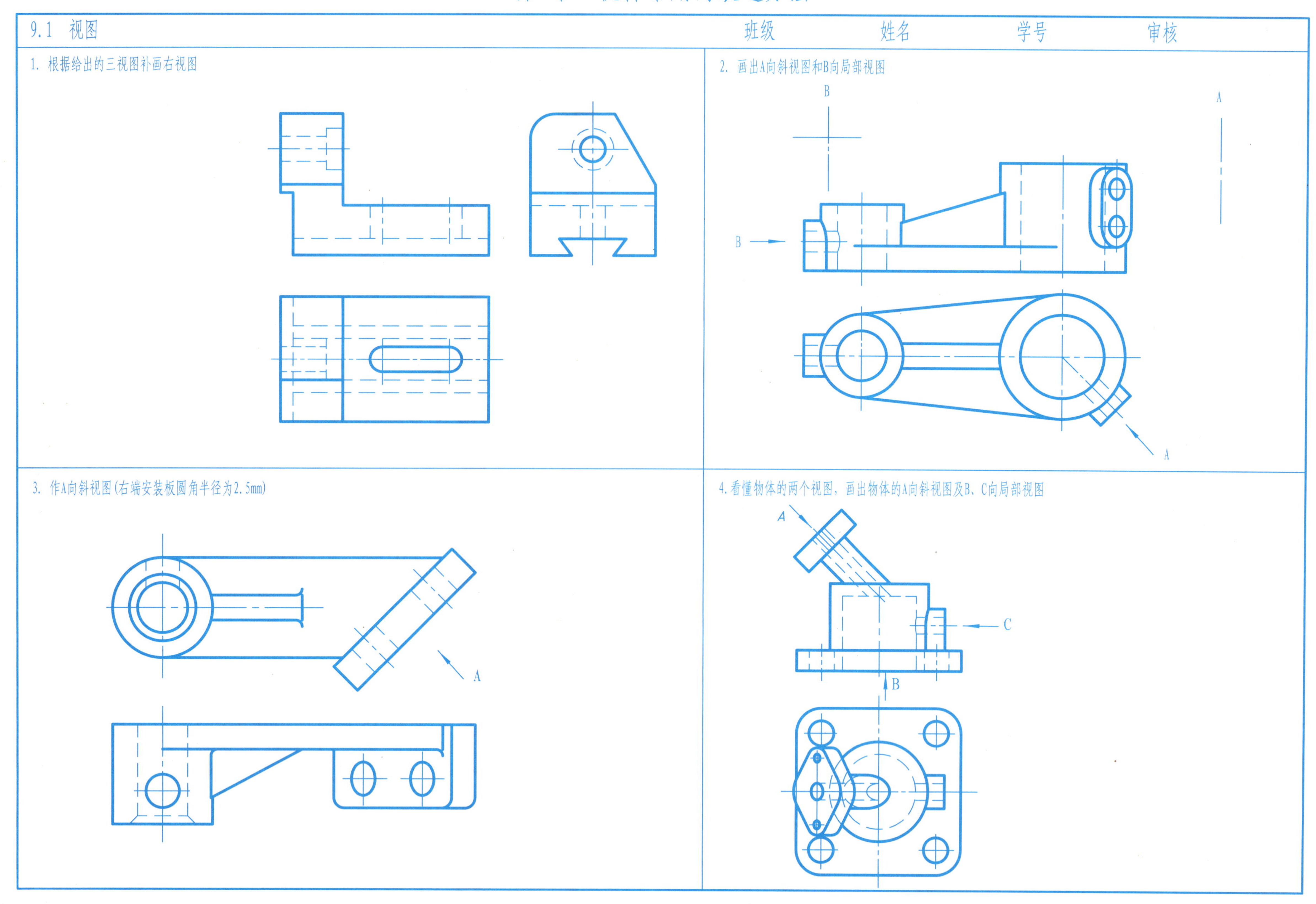
9.1 视图
班级
姓名
学号
审核
1. 根据给出的三视图补画右视图
2. 画出A向斜视图和B向局部视图
B
A
B
A
3. 作A向斜视图(右端安装板圆角半径为2.5mm)
A
4. 看懂物体的两个视图，画出物体的A向斜视图及B、C向局部视图
A
C
B

9.2 剖视图(一)
班级
姓名
学号
审核
1. 分析视图中错误画法，在指定位置作正确的剖视图
2. 补画主视图中漏画的图线
3. 补画主视图中漏画的图线
4. 补画主视图中漏画的图线
5. 补画视图中漏画的图线
6. 补画主、左视图中漏画的图线
A
A
A-A

9.3 剖视图(二)　　班级　　姓名　　学号　　审核

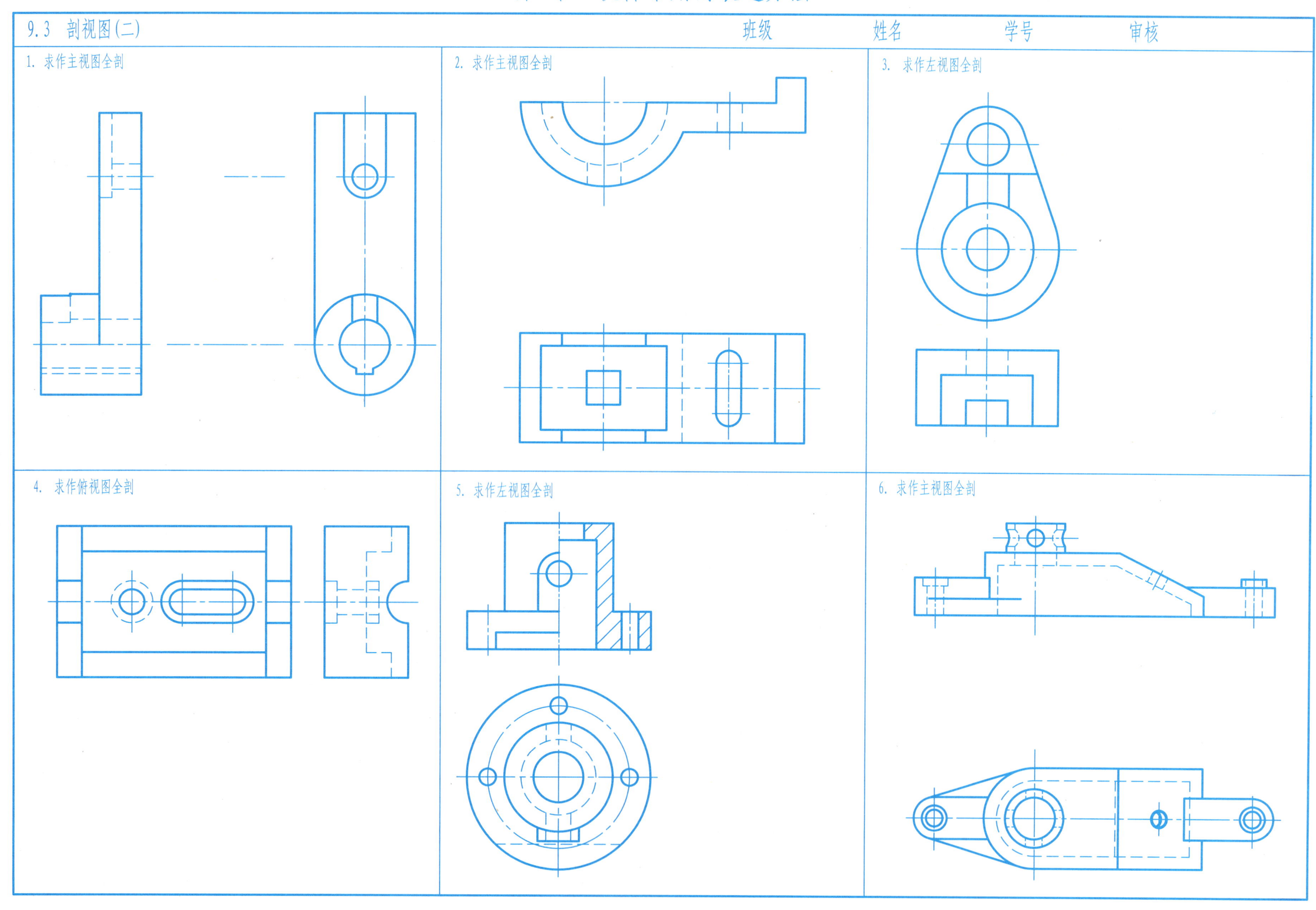

9.4　剖视图(三)　　班级　　姓名　　学号　　审核

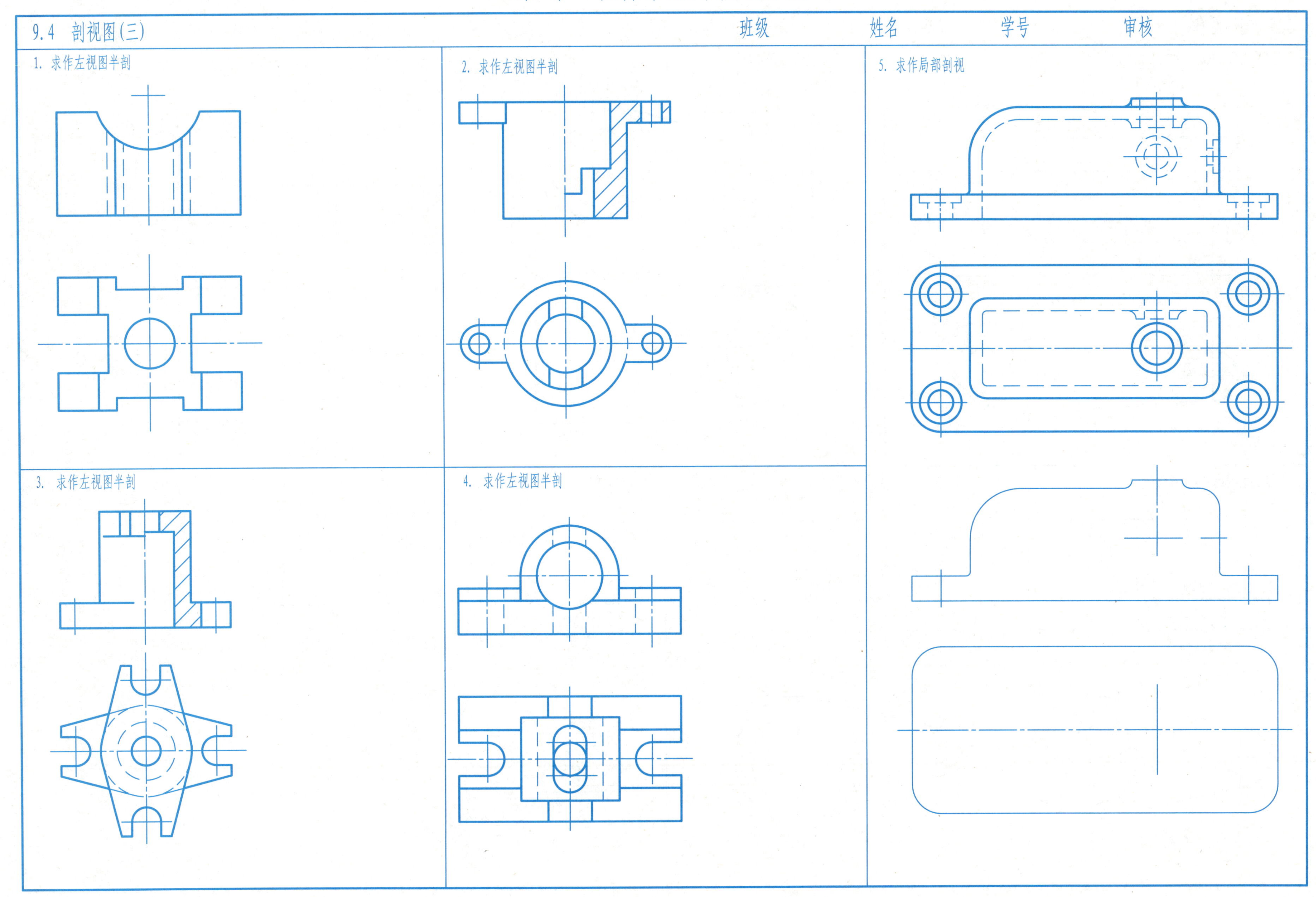

9.5 剖视图(四) 班级 姓名 学号 审核

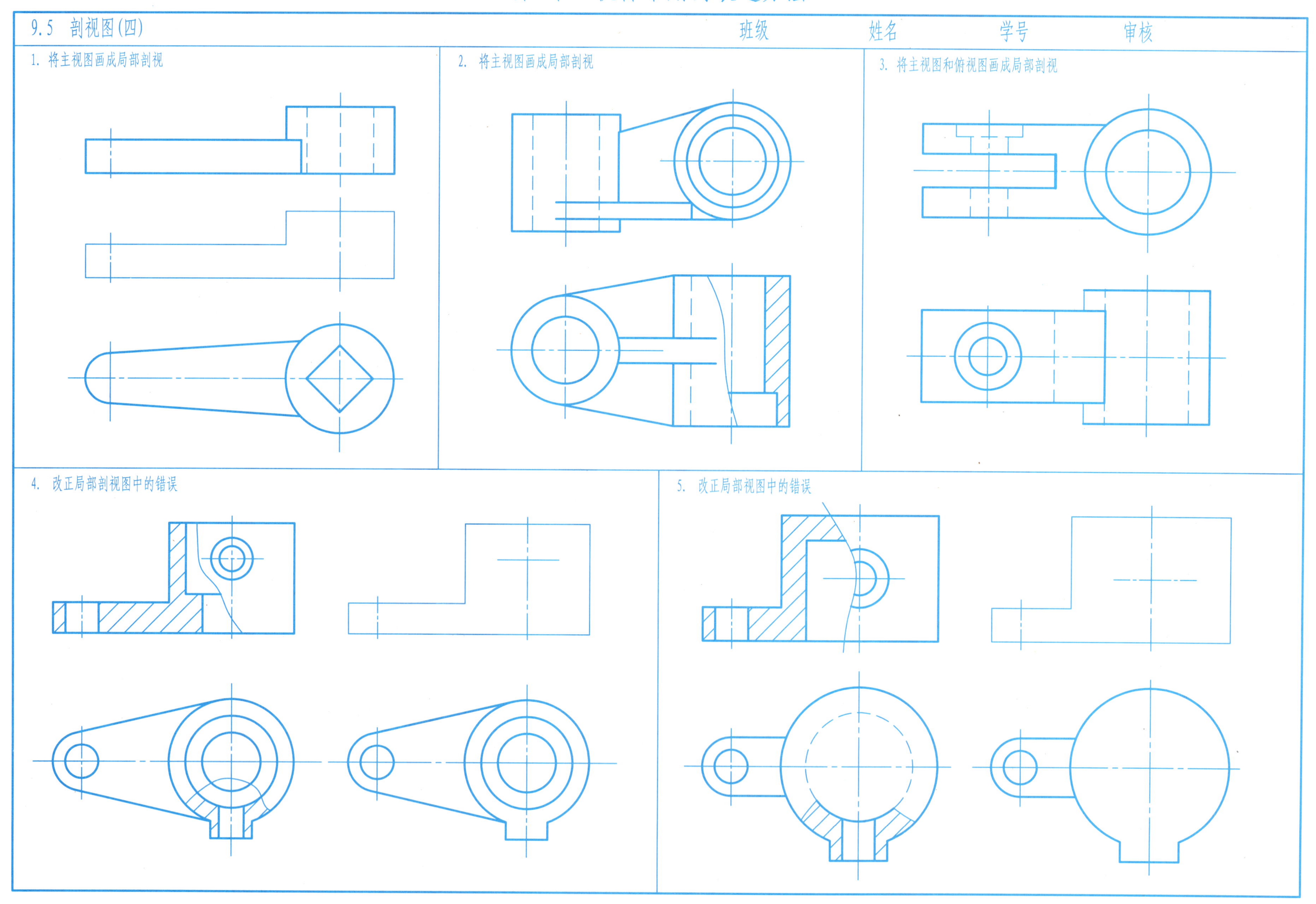

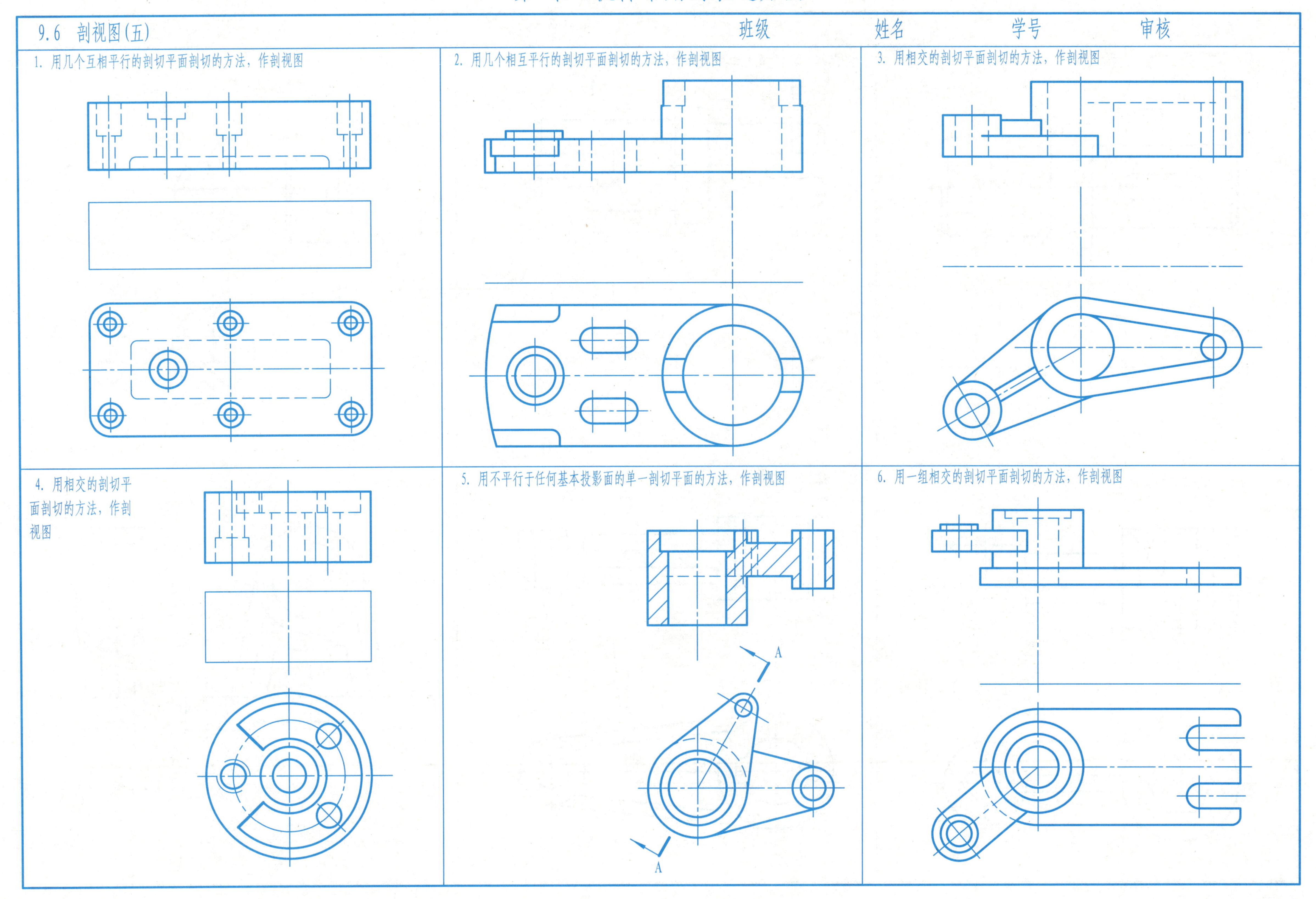
9.6　剖视图(五)
班级
姓名
学号
审核
1. 用几个互相平行的剖切平面剖切的方法，作剖视图
2. 用几个相互平行的剖切平面剖切的方法，作剖视图
3. 用相交的剖切平面剖切的方法，作剖视图
4. 用相交的剖切平面剖切的方法，作剖视图
5. 用不平行于任何基本投影面的单一剖切平面的方法，作剖视图
A
A
6. 用一组相交的剖切平面剖切的方法，作剖视图

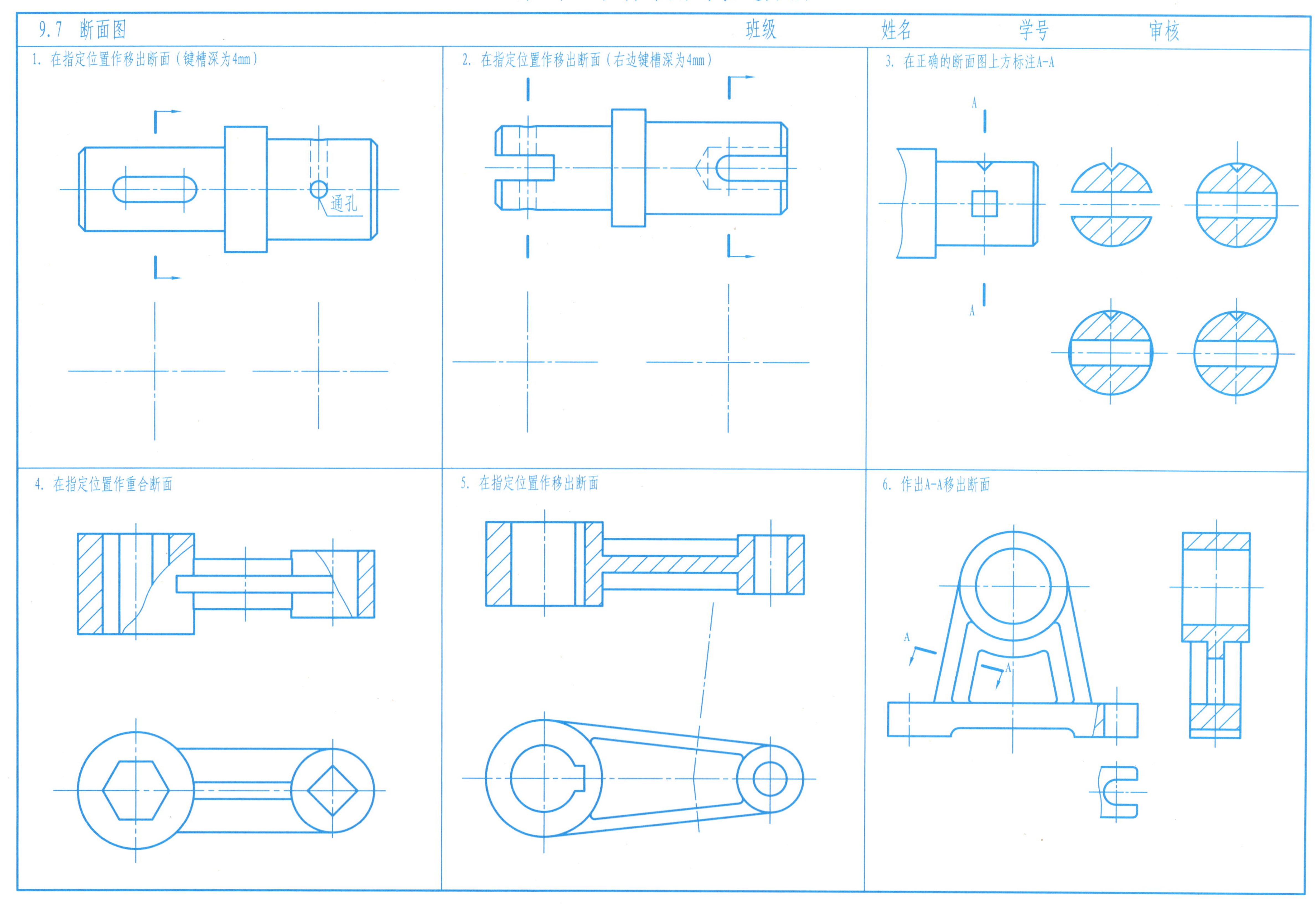
9.7 断面图
班级
姓名
学号
审核
1. 在指定位置作移出断面（键槽深为4mm）
通孔
2. 在指定位置作移出断面（右边键槽深为4mm）
3. 在正确的断面图上方标注A-A
A
A
4. 在指定位置作重合断面
5. 在指定位置作移出断面
6. 作出A-A移出断面
A
A

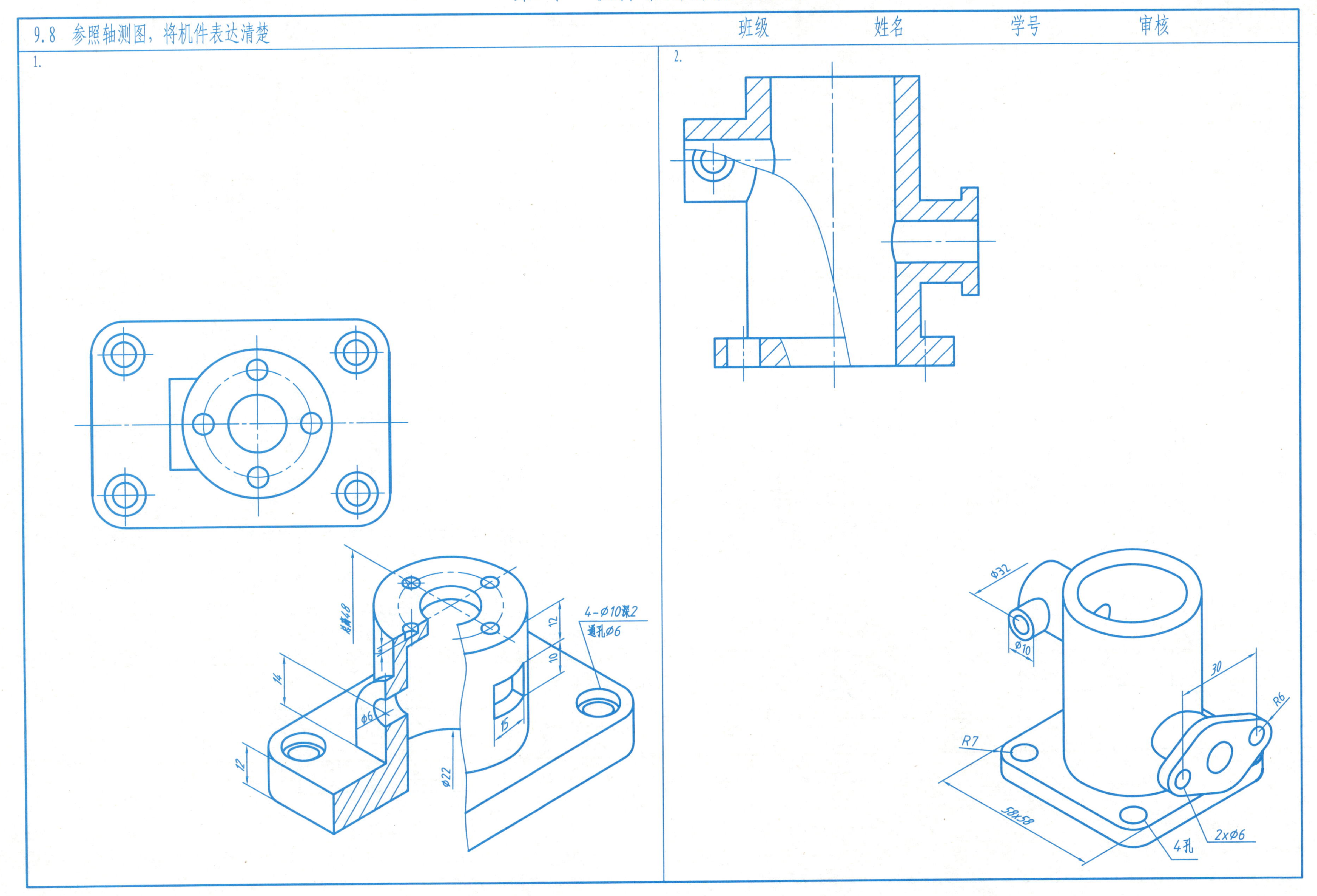
9.8　参照轴测图，将机件表达清楚
班级
姓名
学号
审核
1.
2.
总高48
4-Ø10深2
通孔Ø6
12
10
14
Ø6
15
12
Ø22
Ø32
Ø10
30
R6
R7
58x58
2xØ6
4孔

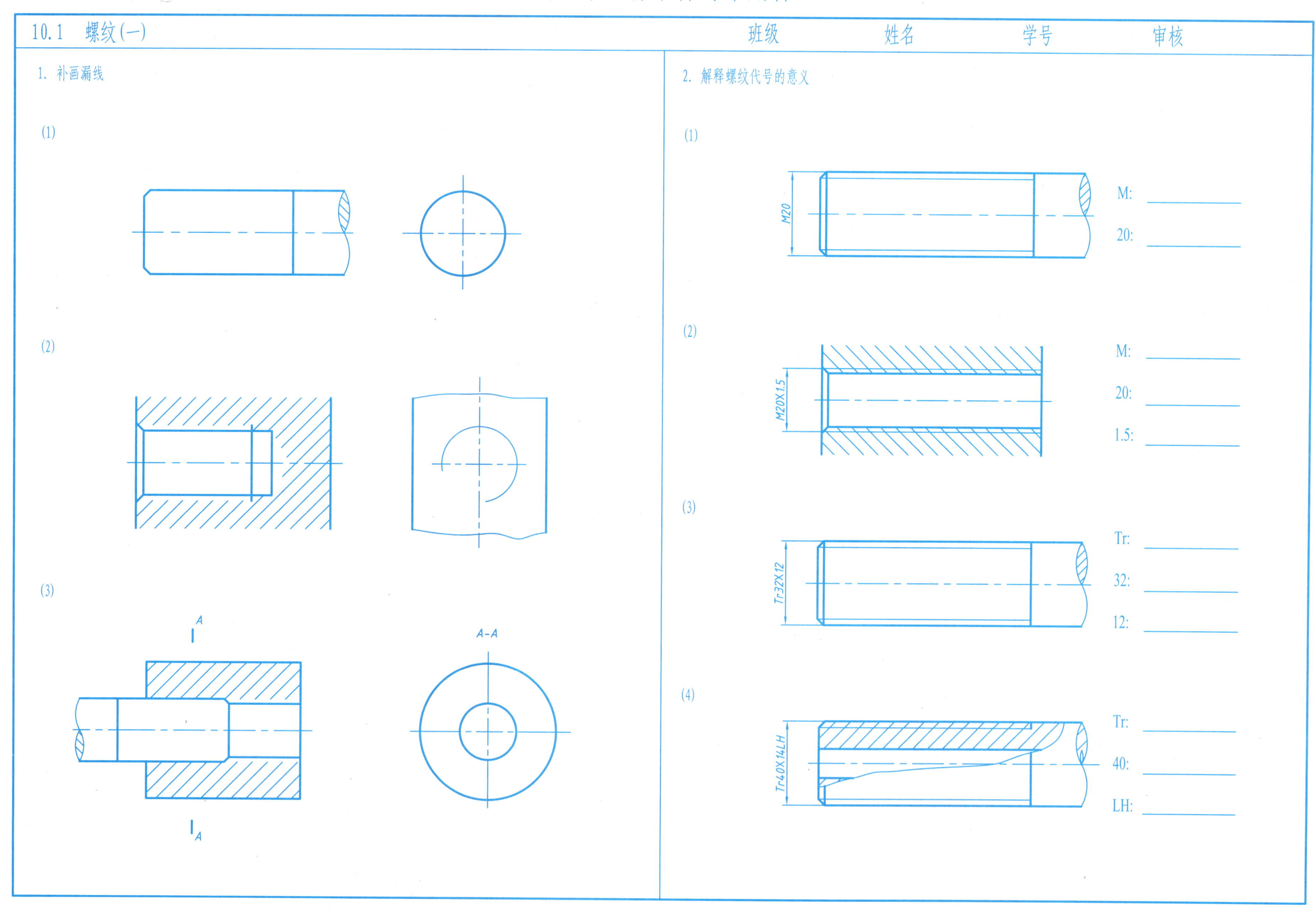
10.1 螺纹(一)
班级
姓名
学号
审核
1. 补画漏线
(1)
(2)
(3)
A
A-A
A
2. 解释螺纹代号的意义
(1)
M20
M:
20:
(2)
M20X1.5
M:
20:
1.5:
(3)
Tr32X12
Tr:
32:
12:
(4)
Tr40X14LH
Tr:
40:
LH:

10.2 螺纹(二)	班级	姓名	学号	审核

分析螺纹画法中的错误，在指定位置画出正确的视图

1.

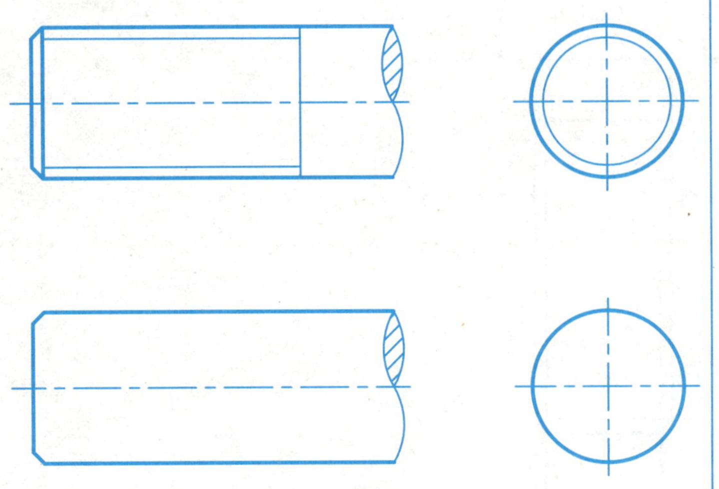

2.

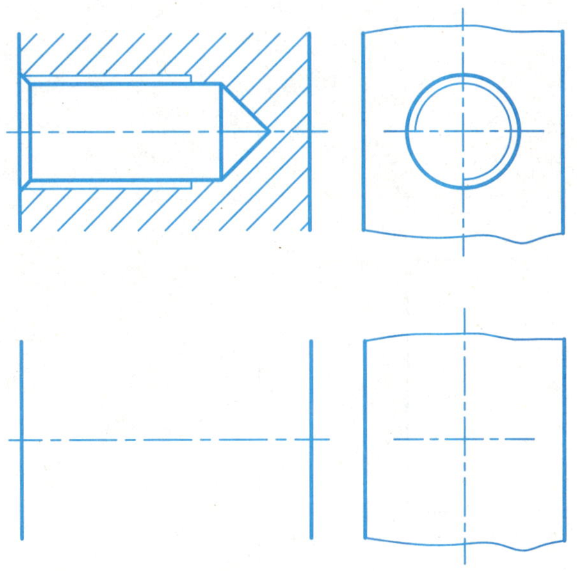

3.

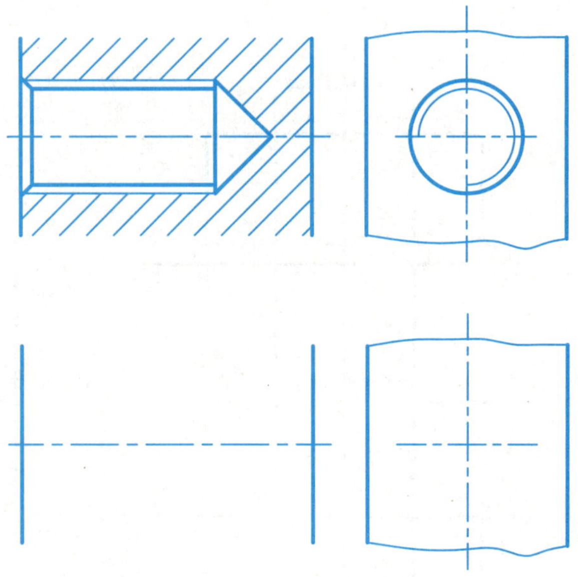

4.

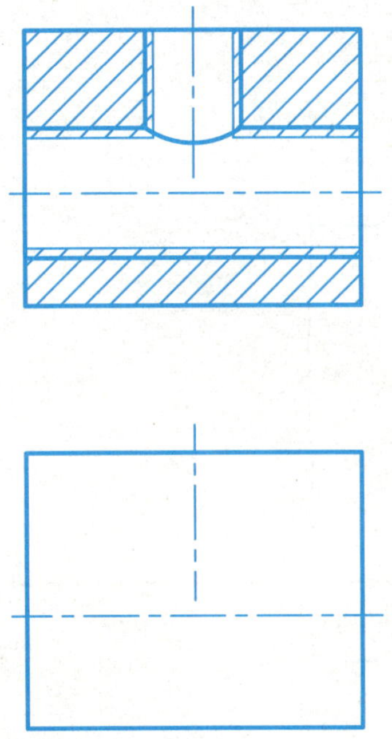

5.

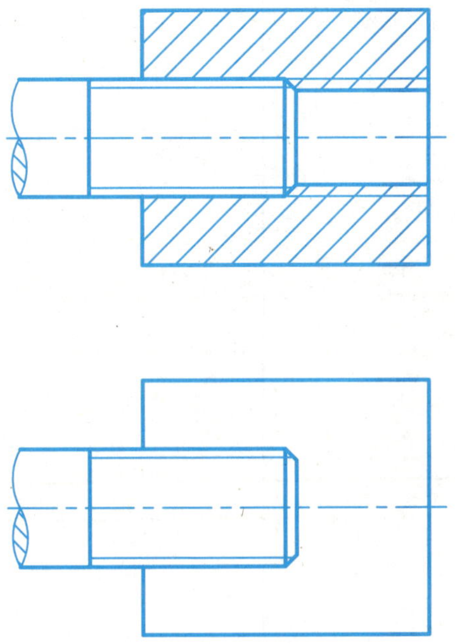

6.

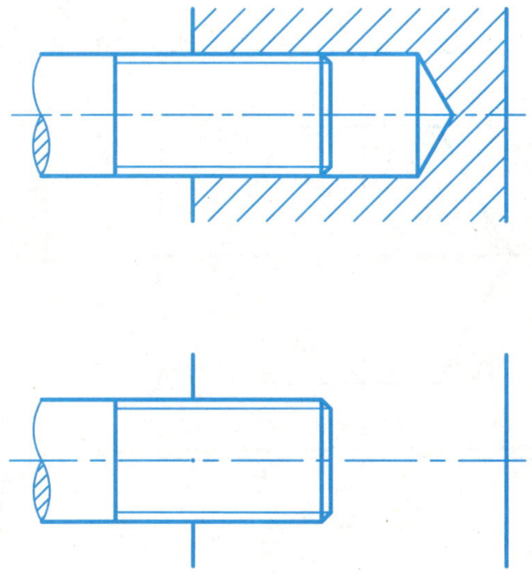

10.3　螺纹连接件(一)

班级　　姓名　　学号　　审核

1. 补全螺栓连接的装配图

2. 补全螺钉连接的装配图

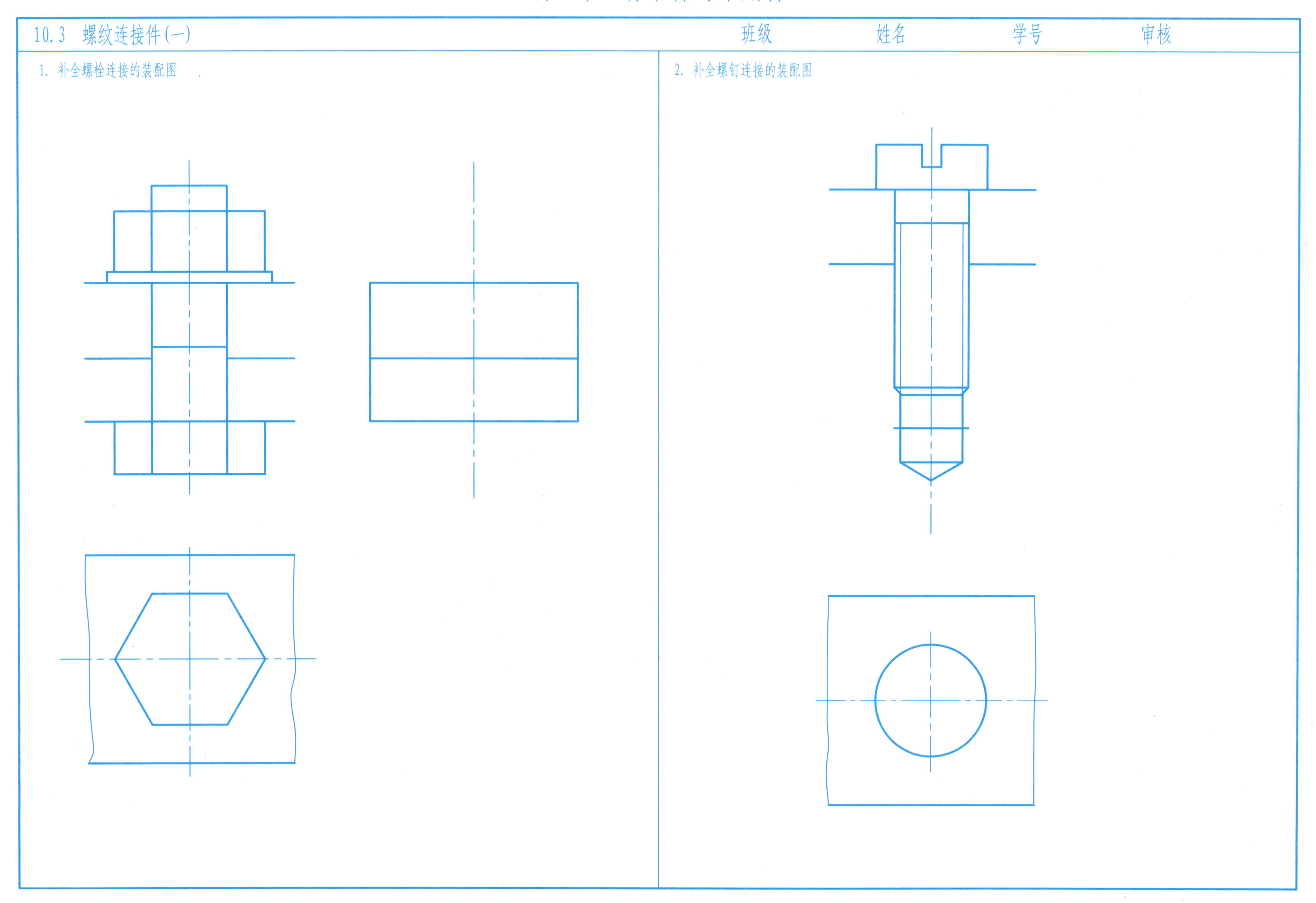

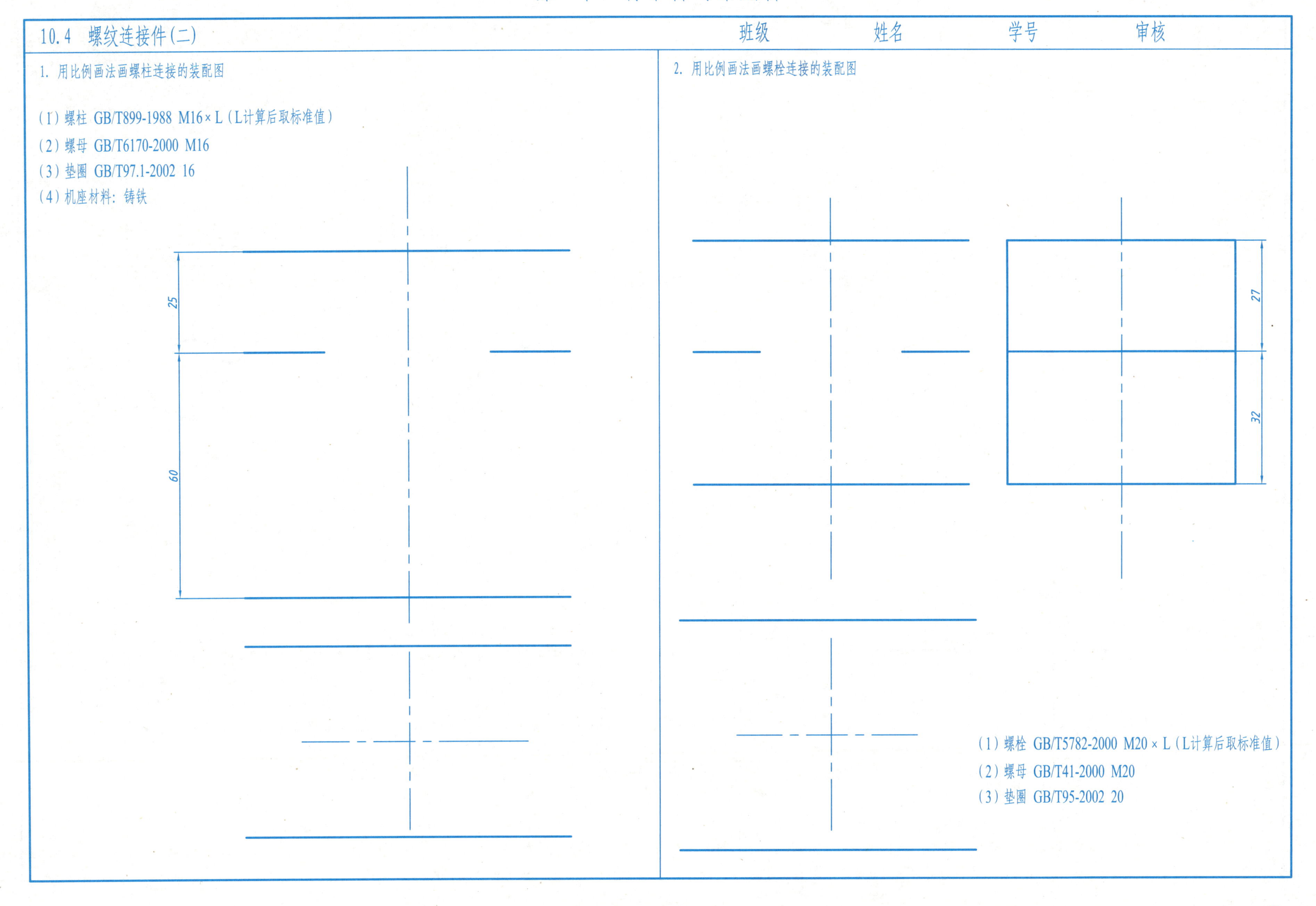
10.4　螺纹连接件(二)
班级
姓名
学号
审核
1. 用比例画法画螺柱连接的装配图
(1) 螺柱 GB/T899-1988 M16×L (L计算后取标准值)
(2) 螺母 GB/T6170-2000 M16
(3) 垫圈 GB/T97.1-2002 16
(4) 机座材料：铸铁
25
60
2. 用比例画法画螺栓连接的装配图
27
32
(1) 螺栓 GB/T5782-2000 M20×L (L计算后取标准值)
(2) 螺母 GB/T41-2000 M20
(3) 垫圈 GB/T95-2002 20

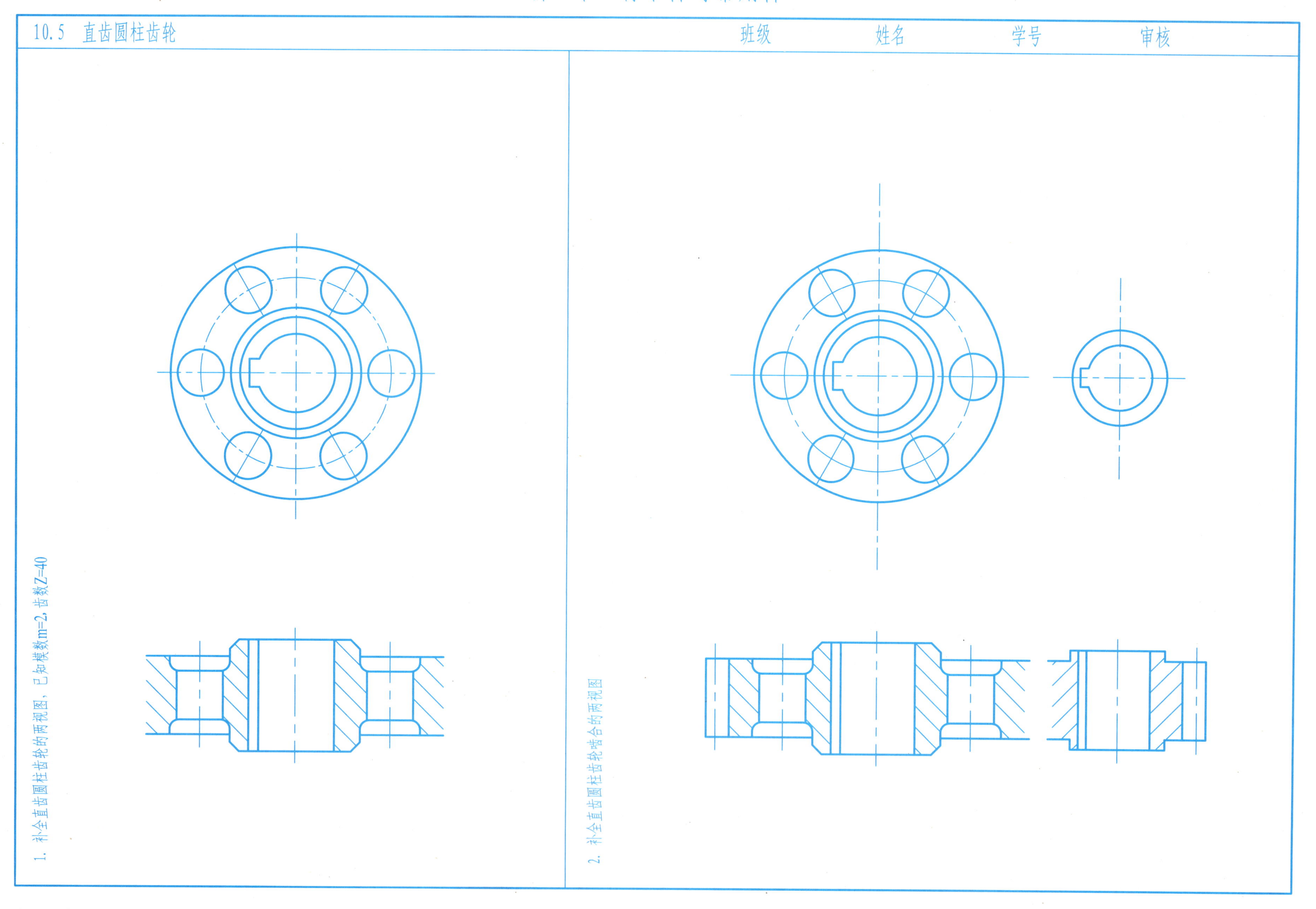
10.5 直齿圆柱齿轮
班级
姓名
学号
审核
1. 补全直齿圆柱齿轮的两视图，已知模数m=2，齿数Z=40
2. 补全直齿圆柱齿轮啮合的两视图

10.6 圆锥齿轮

班级 姓名 学号 审核

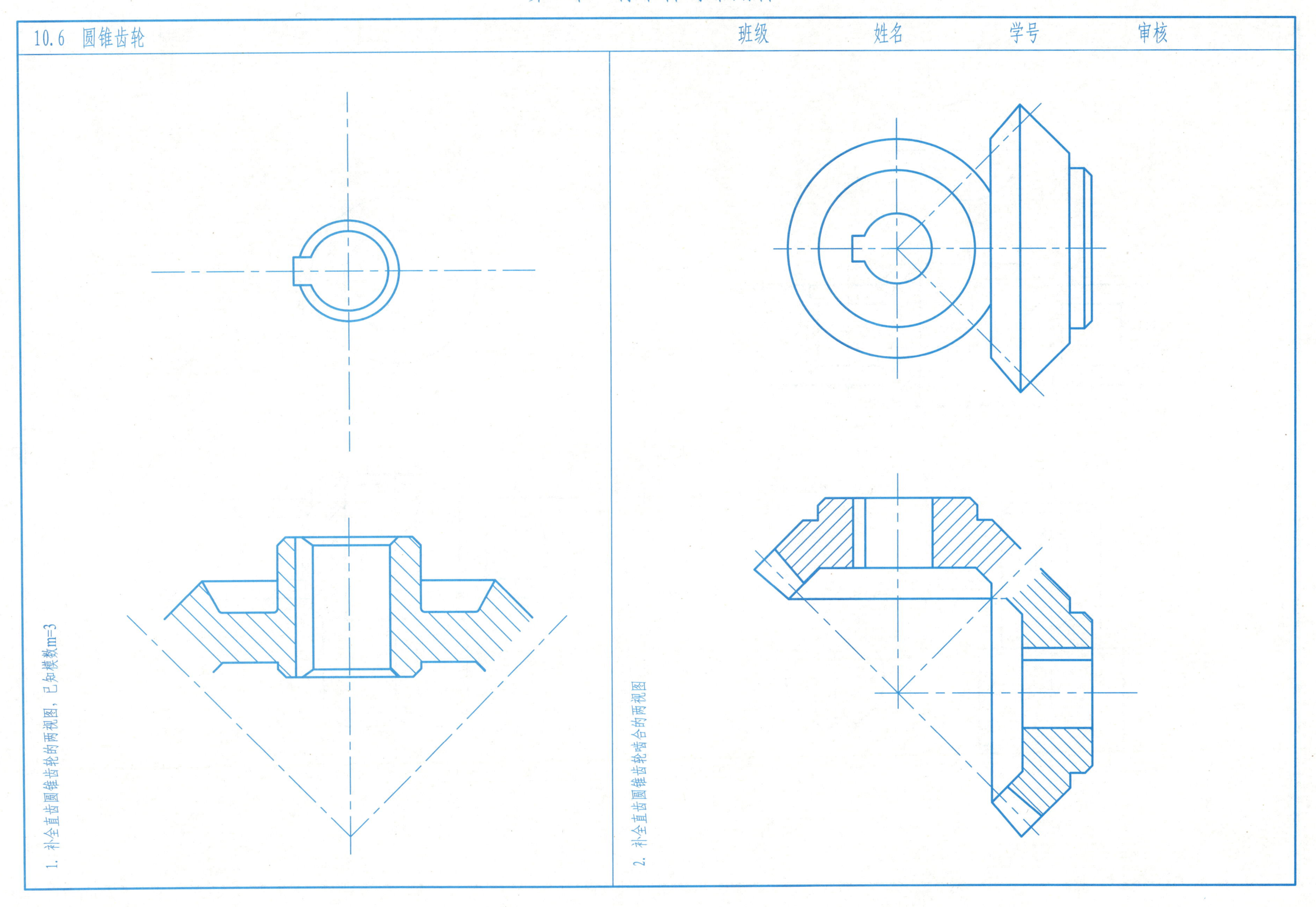

10.7 键连接　　班级　　姓名　　学号　　审核

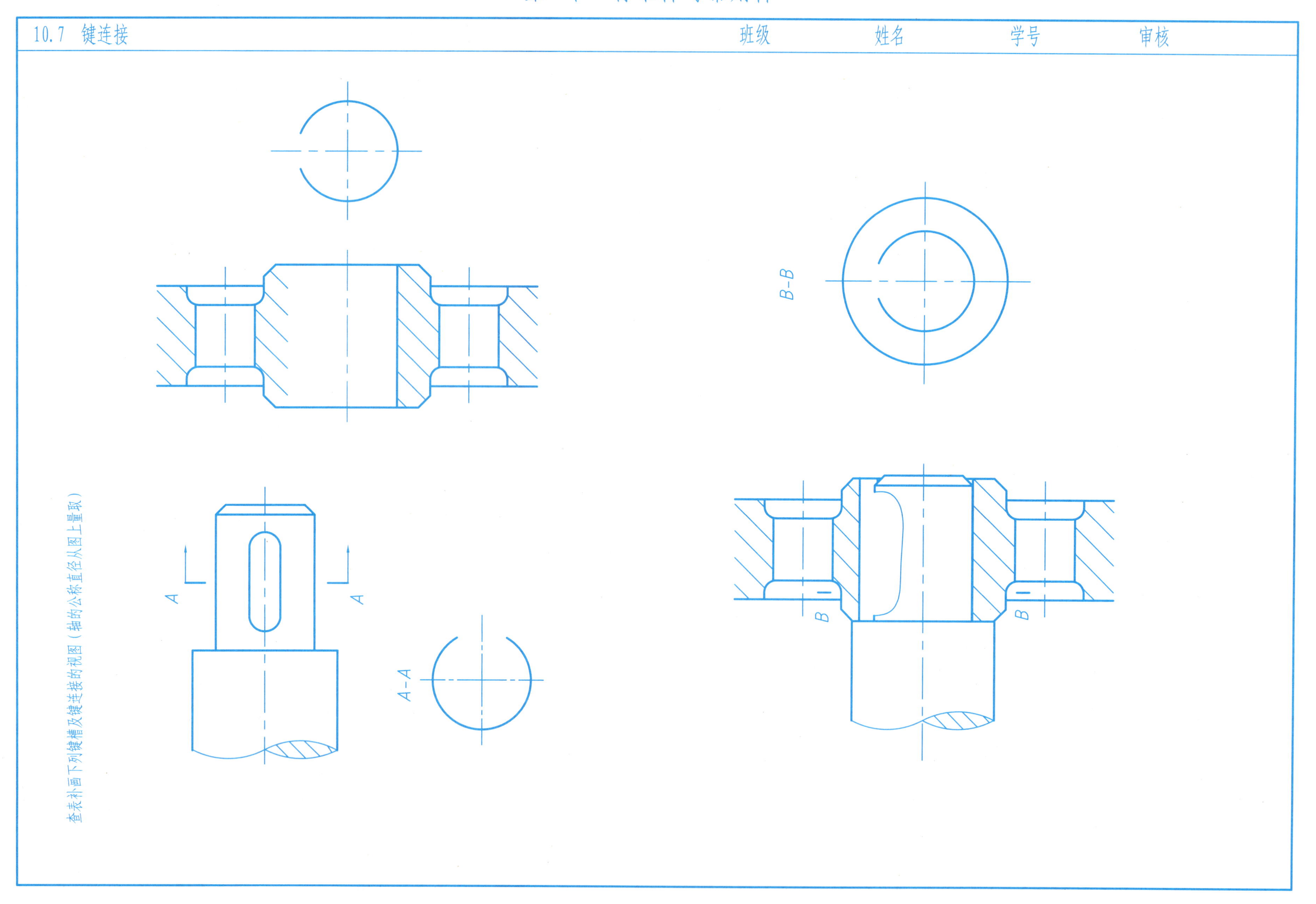

10.8 滚动轴承

班级　　姓名　　学号　　审核

1. 用规定画法画出平底推力球轴承51205

2. 用规定画法画出装配图中的深沟球轴承

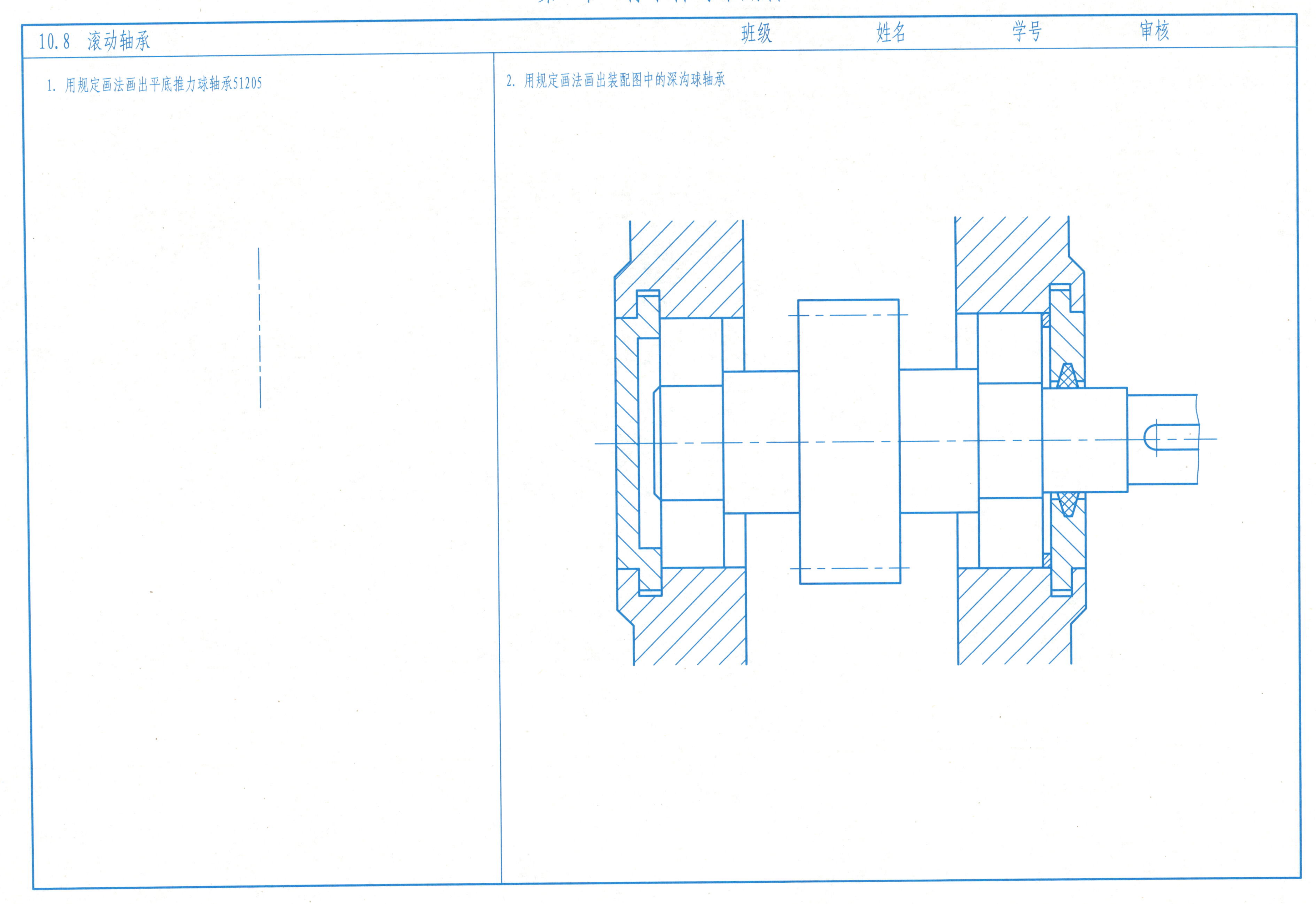

11.1 画零件图(一)

班级 姓名 学号 审核

根据轴承座的轴测图绘制其零件图

(1) 材料：HT150

(2) 未注铸造圆角$R2$

(3) 锐边倒钝

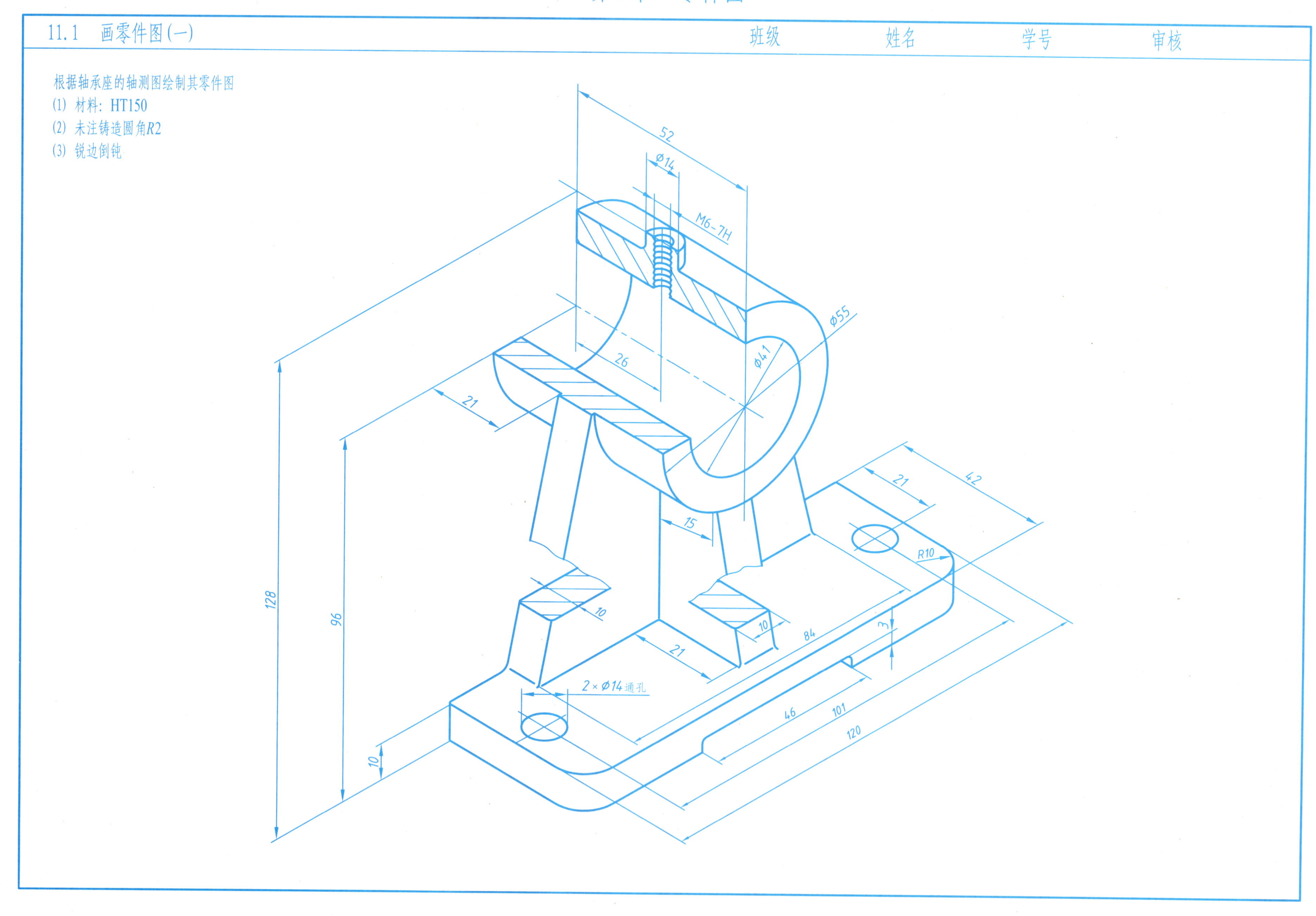

11.2 画零件图(二)

班级　　姓名　　学号　　审核

(1) 根据轴测图，选择适当的表达方案，画出能表达零件形状的各个视图；

(2) 选好尺寸基准，标注全部尺寸及技术要求；

(3) 表面粗糙度：

ϕ39g6左右两侧端面的R_a为6.3μm，ϕ138两侧结合面的R_a为6.3μm,其余表面的R_a为12.5μm;

(4) 未注倒角为C1，铸造圆角为R2~R3;

(5) 端盖材料HT150。

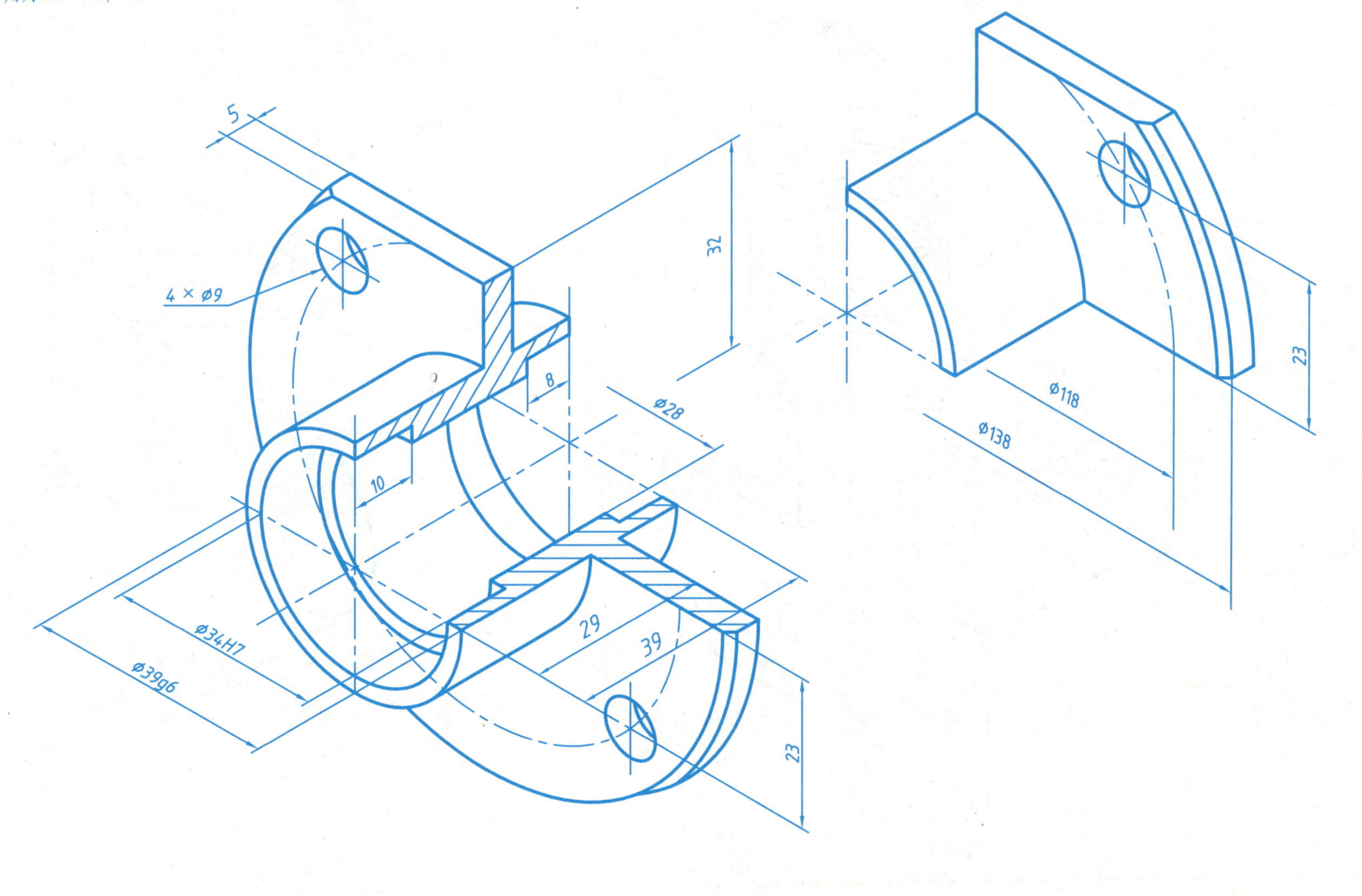

11.3　画零件图(三)

班级　　　　姓名　　　　学号　　　　审核

(1) 根据轴测图，选择适当的表达方案，画出能表达零件形状的各个视图；

(2) 选好尺寸基准，标注全部尺寸及技术要求；

(3) 表面粗糙度：

螺纹孔及倒角的R_a为12.5μm，ϕ18H7孔的R_a为3.2μm，上下两端面的R_a为6.3μm，其余表面为铸造表面；

(4) 未注倒角为C1，铸造圆角为R2～R3；

(5) 阀体材料HT200。

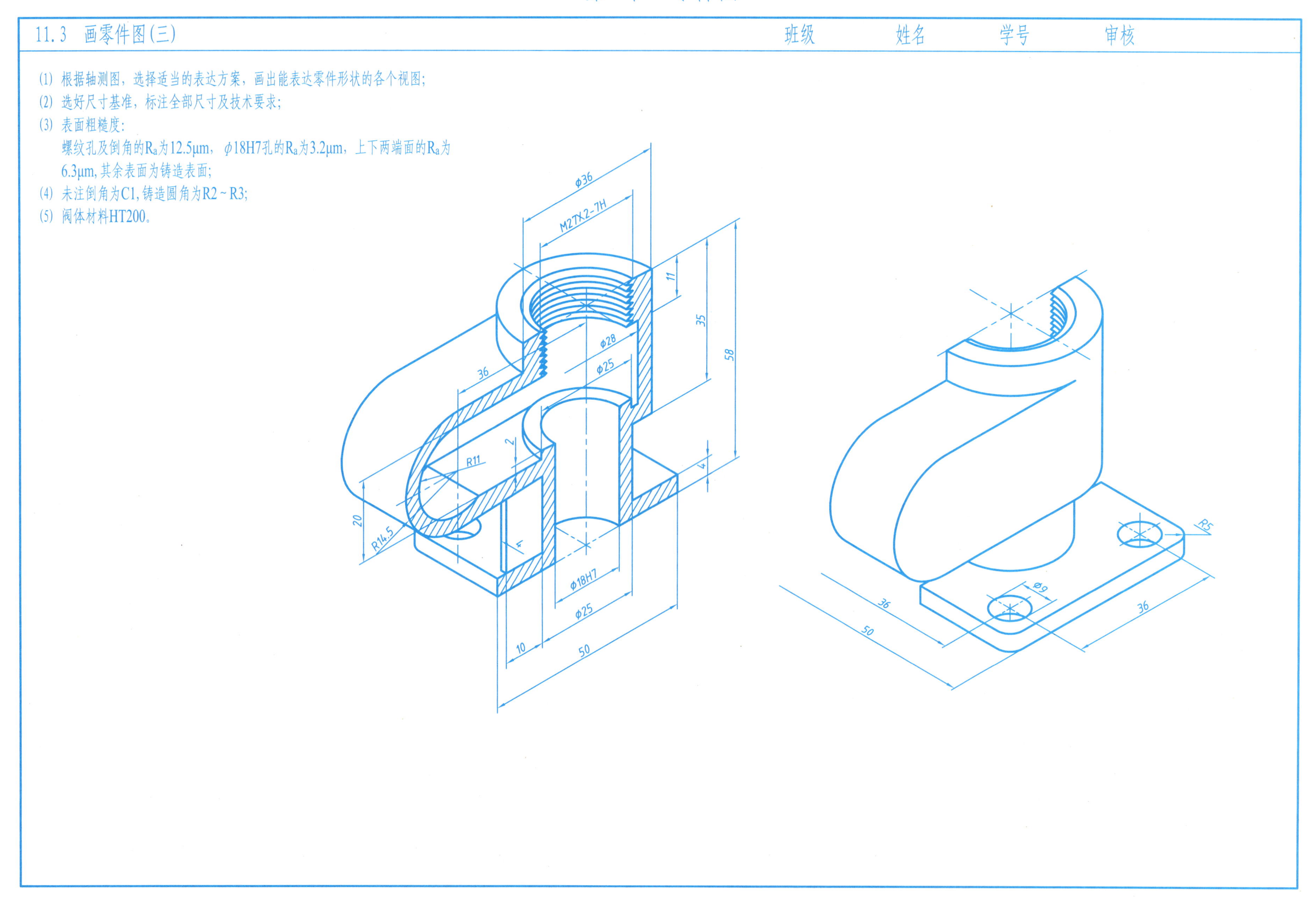

11.4　补画视图上的过渡线　　　　班级　　　　姓名　　　　学号　　　　审核

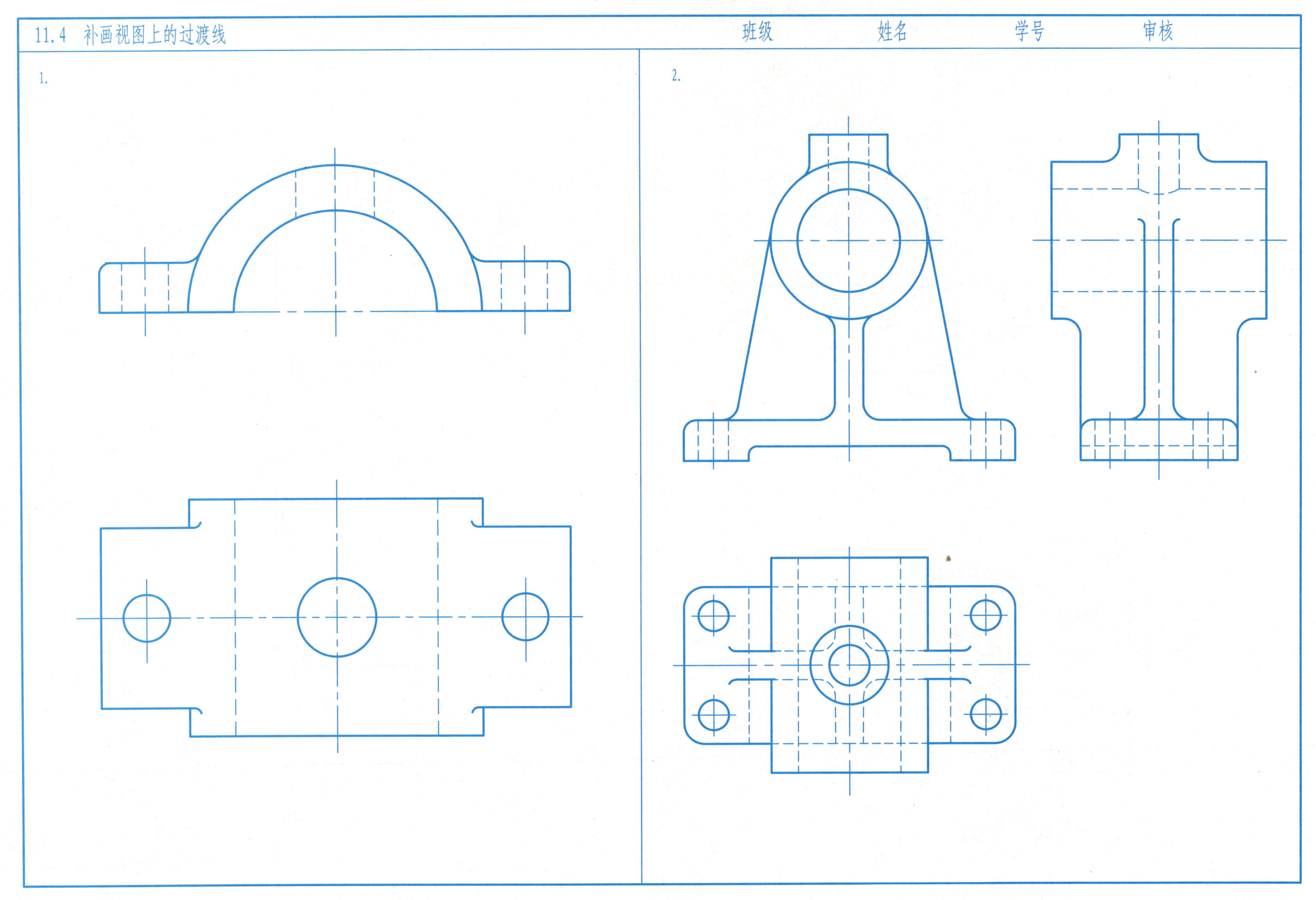

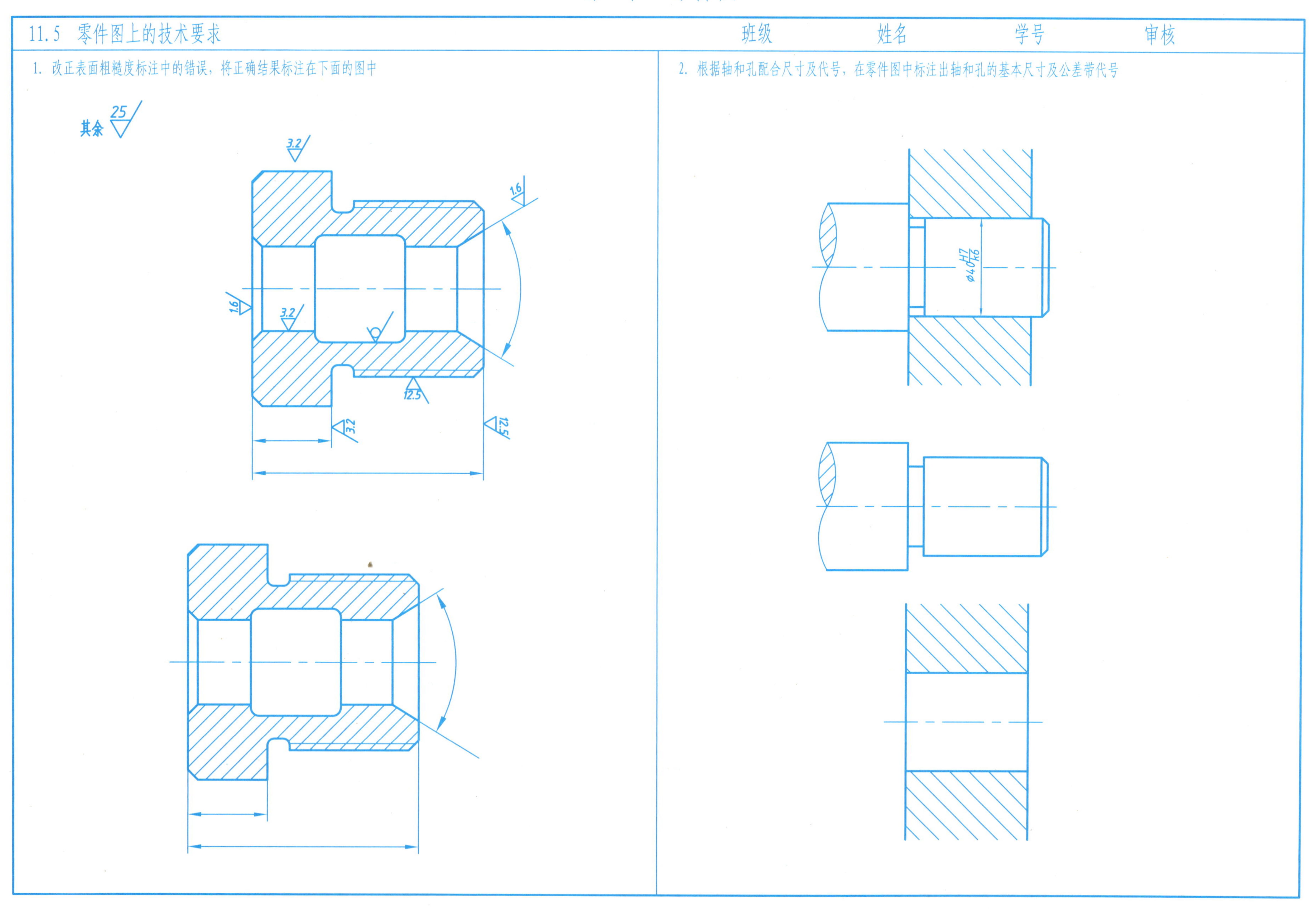
11.5　零件图上的技术要求
班级
姓名
学号
审核
1. 改正表面粗糙度标注中的错误，将正确结果标注在下面的图中
其余
25
3.2
1.6
1.6
3.2
12.5
3.2
12.5
2. 根据轴和孔配合尺寸及代号，在零件图中标注出轴和孔的基本尺寸及公差带代号
φ40H7/k6

11.6 读零件图(一)

班级　　姓名　　学号　　审核

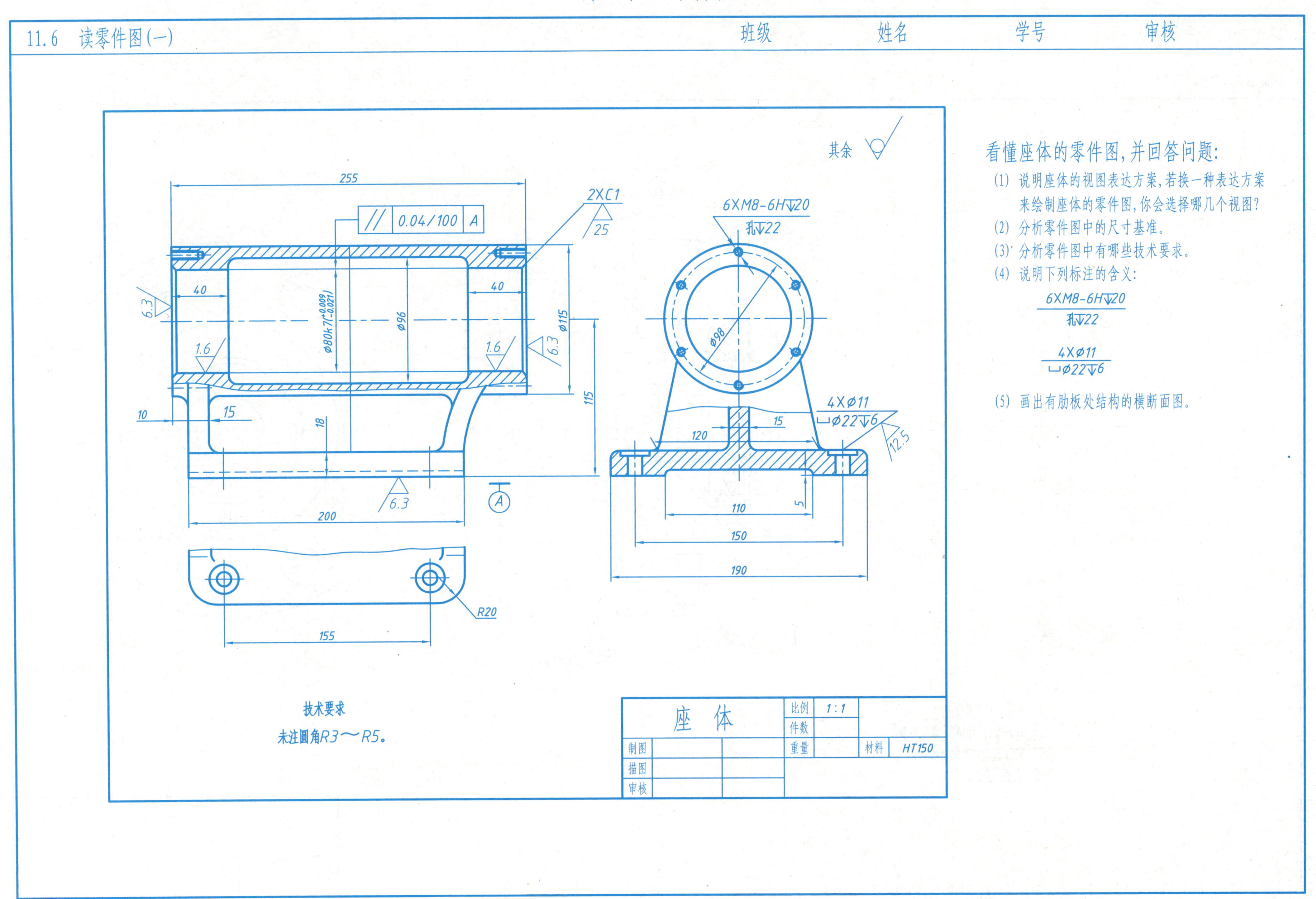

看懂座体的零件图,并回答问题:

(1) 说明座体的视图表达方案,若换一种表达方案来绘制座体的零件图,你会选择哪几个视图?

(2) 分析零件图中的尺寸基准。

(3) 分析零件图中有哪些技术要求。

(4) 说明下列标注的含义:

6XM8-6H▽20 / 孔▽22

4XØ11 / ⌴Ø22▽6

(5) 画出有肋板处结构的横断面图。

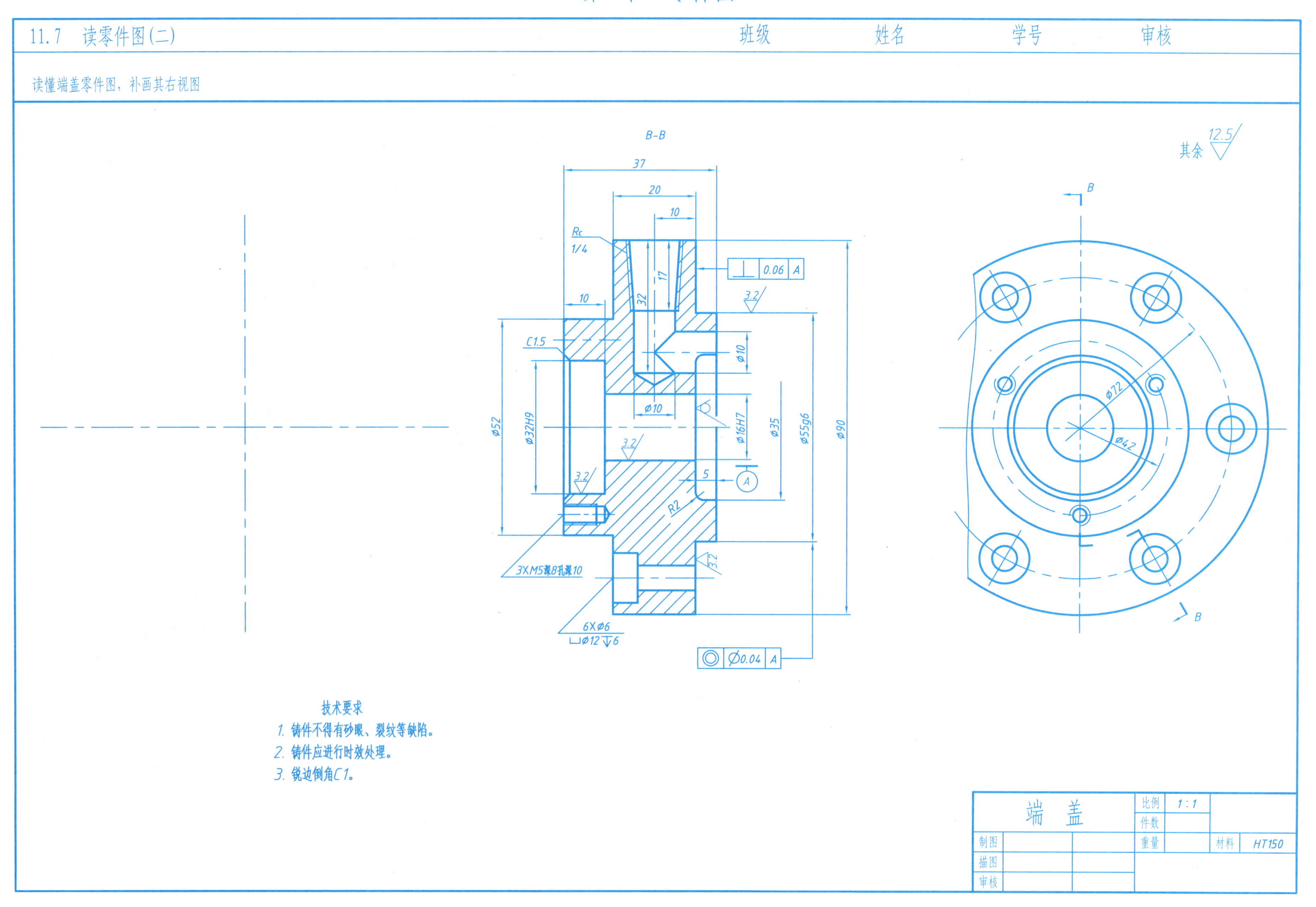

11.7　读零件图(二)
班级
姓名
学号
审核
读懂端盖零件图，补画其右视图
B-B
其余 12.5
37
20
10
Rc 1/4
17
32
0.06 A
3.2
C1.5
ø10
ø52
ø32H9
ø16H7
ø35
ø55g6
ø90
5
A
R2
3XM5深8孔深10
6Xø6
⌴ø12↧6
Ø0.04 A
B
ø72
ø42
技术要求
1. 铸件不得有砂眼、裂纹等缺陷。
2. 铸件应进行时效处理。
3. 锐边倒角C1。
端　盖
比例
1:1
件数
重量
材料
HT150
制图
描图
审核

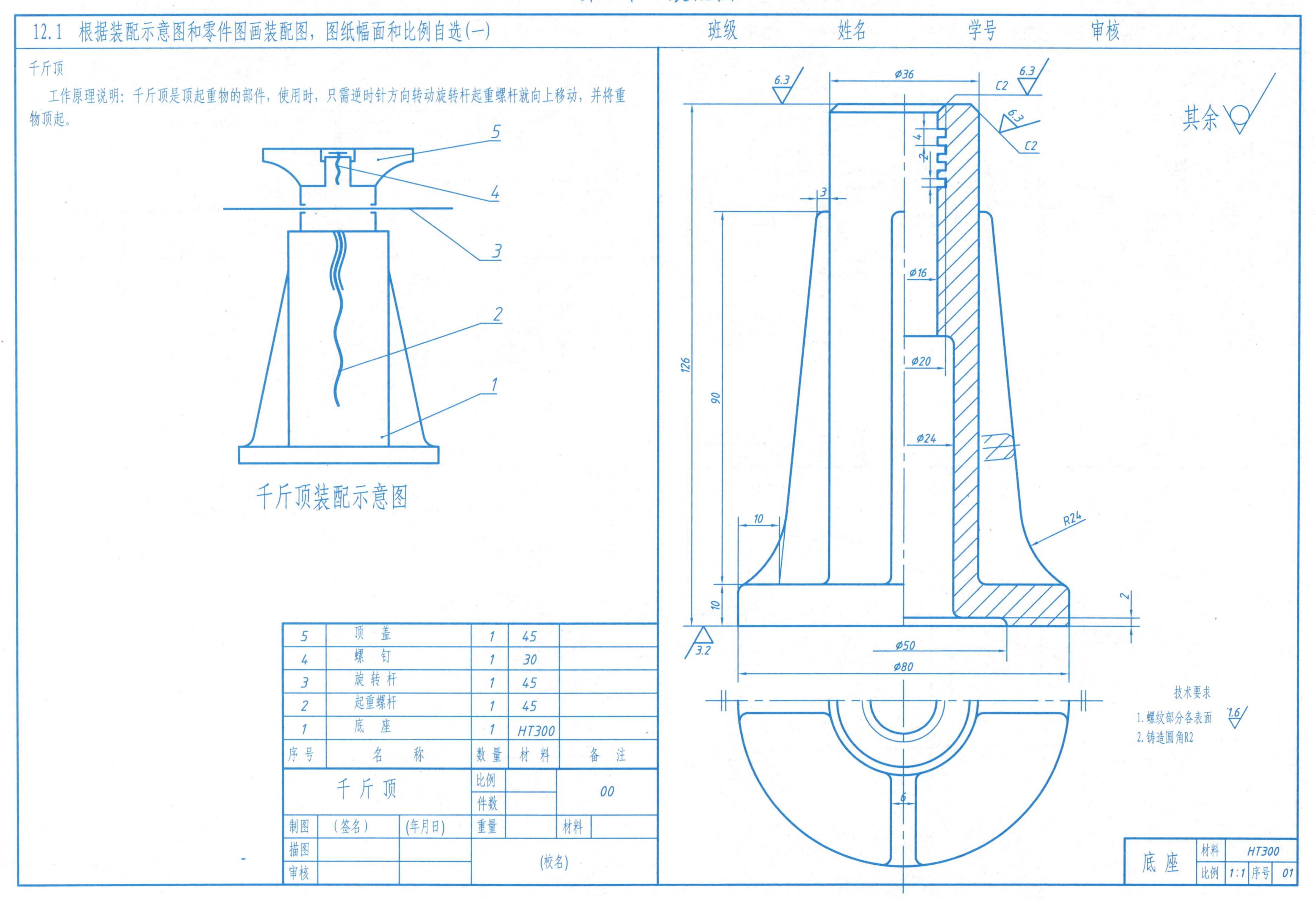

5	顶　盖	1	45	
4	螺　钉	1	30	
3	旋转杆	1	45	
2	起重螺杆	1	45	
1	底　座	1	HT300	
序号	名　称	数量	材料	备注

千斤顶		比例		00	
		件数			
制图	(签名)	(年月日)	重量	材料	
描图			(校名)		
审核					

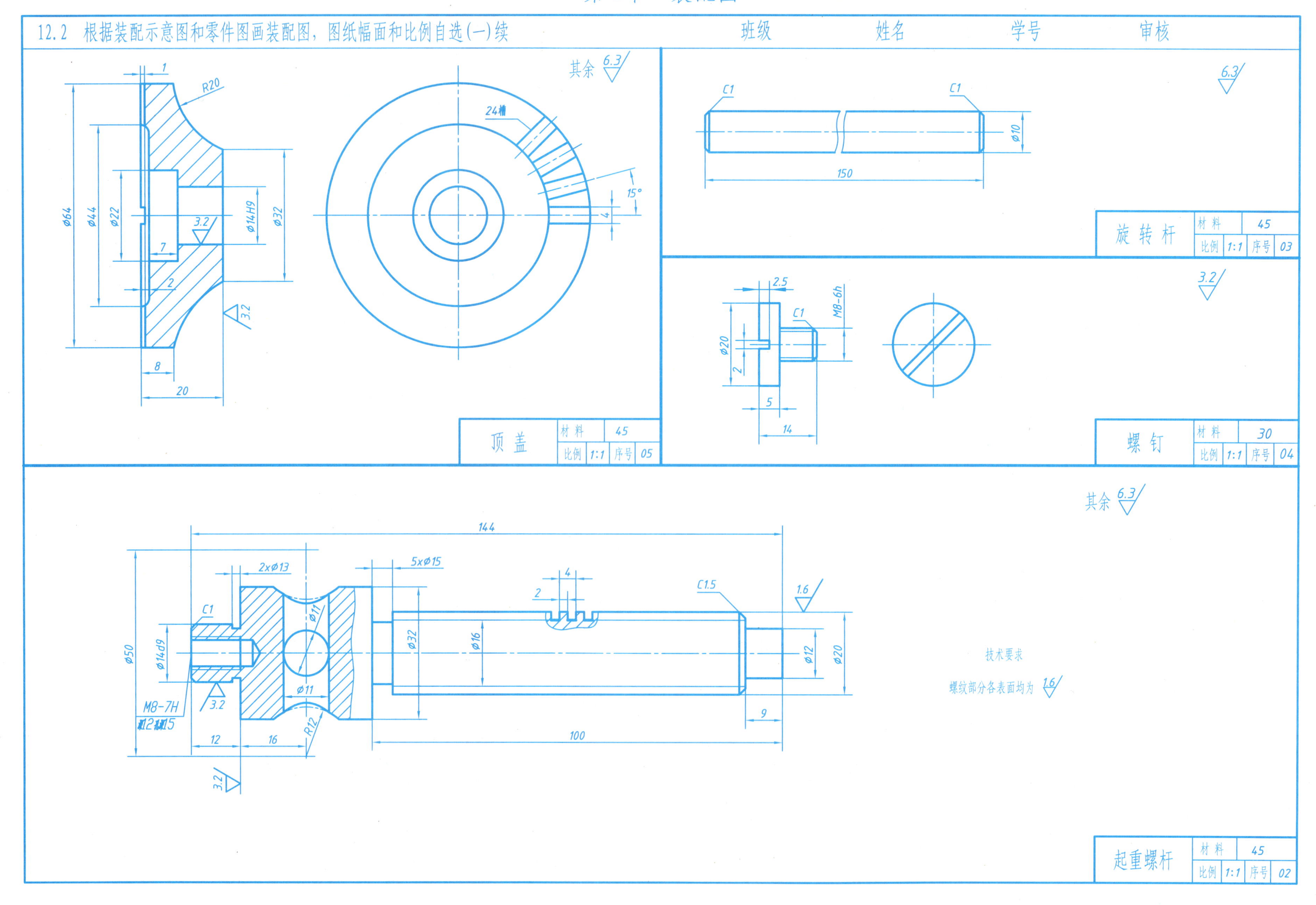
12.2 根据装配示意图和零件图画装配图，图纸幅面和比例自选(一)续
班级
姓名
学号
审核
其余 6.3
顶盖
材料 45
比例 1:1 序号 05
旋转杆
材料 45
比例 1:1 序号 03
螺钉
材料 30
比例 1:1 序号 04
其余 6.3
技术要求
螺纹部分各表面均为 1.6
起重螺杆
材料 45
比例 1:1 序号 02

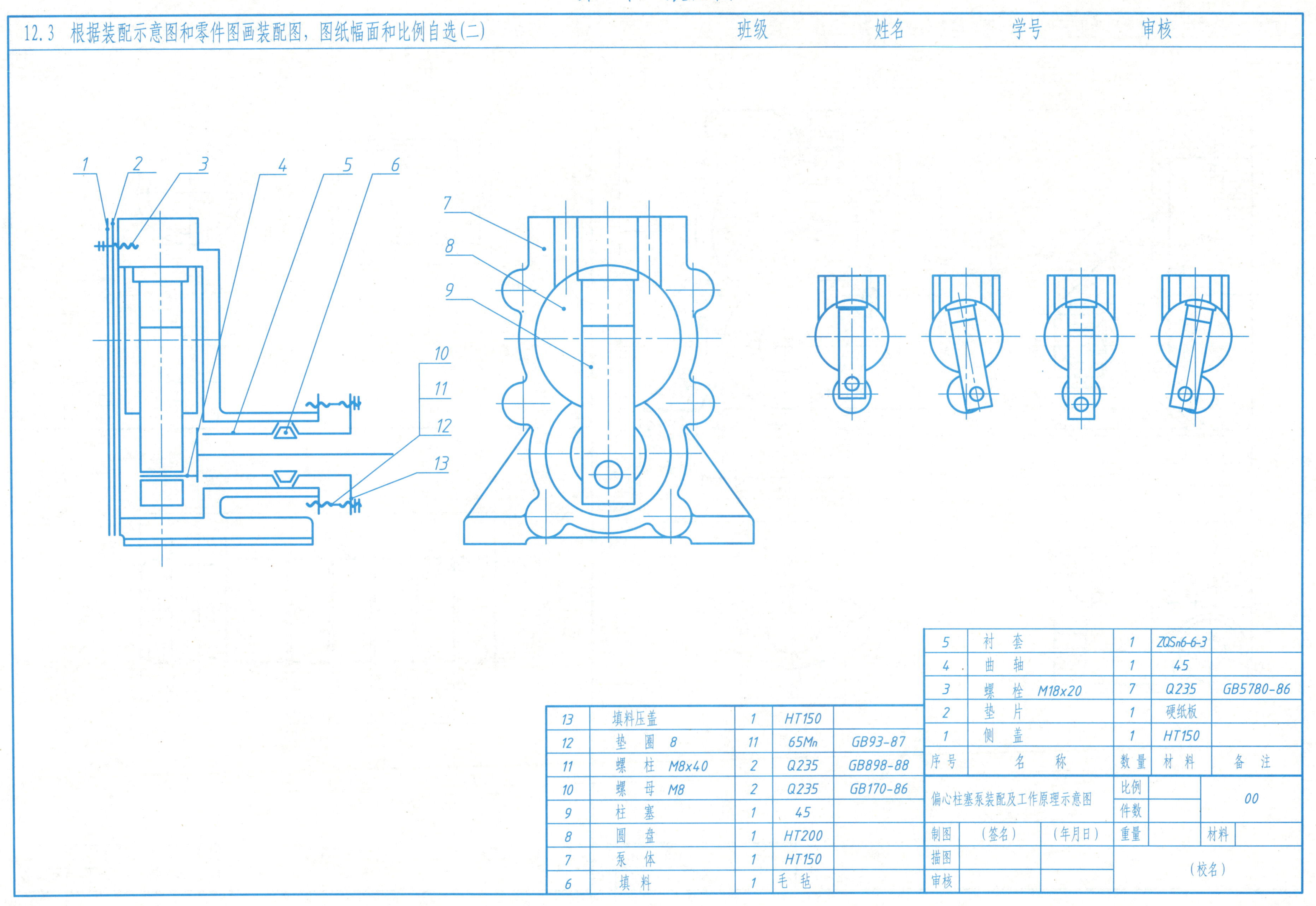

序号	名称	数量	材料	备注
13	填料压盖	1	HT150	
12	垫圈 8	11	65Mn	GB93-87
11	螺柱 M8x40	2	Q235	GB898-88
10	螺母 M8	2	Q235	GB170-86
9	柱塞	1	45	
8	圆盘	1	HT200	
7	泵体	1	HT150	
6	填料	1	毛毡	
5	衬套	1	ZQSn6-6-3	
4	曲轴	1	45	
3	螺栓 M18x20	7	Q235	GB5780-86
2	垫片	1	硬纸板	
1	侧盖	1	HT150	

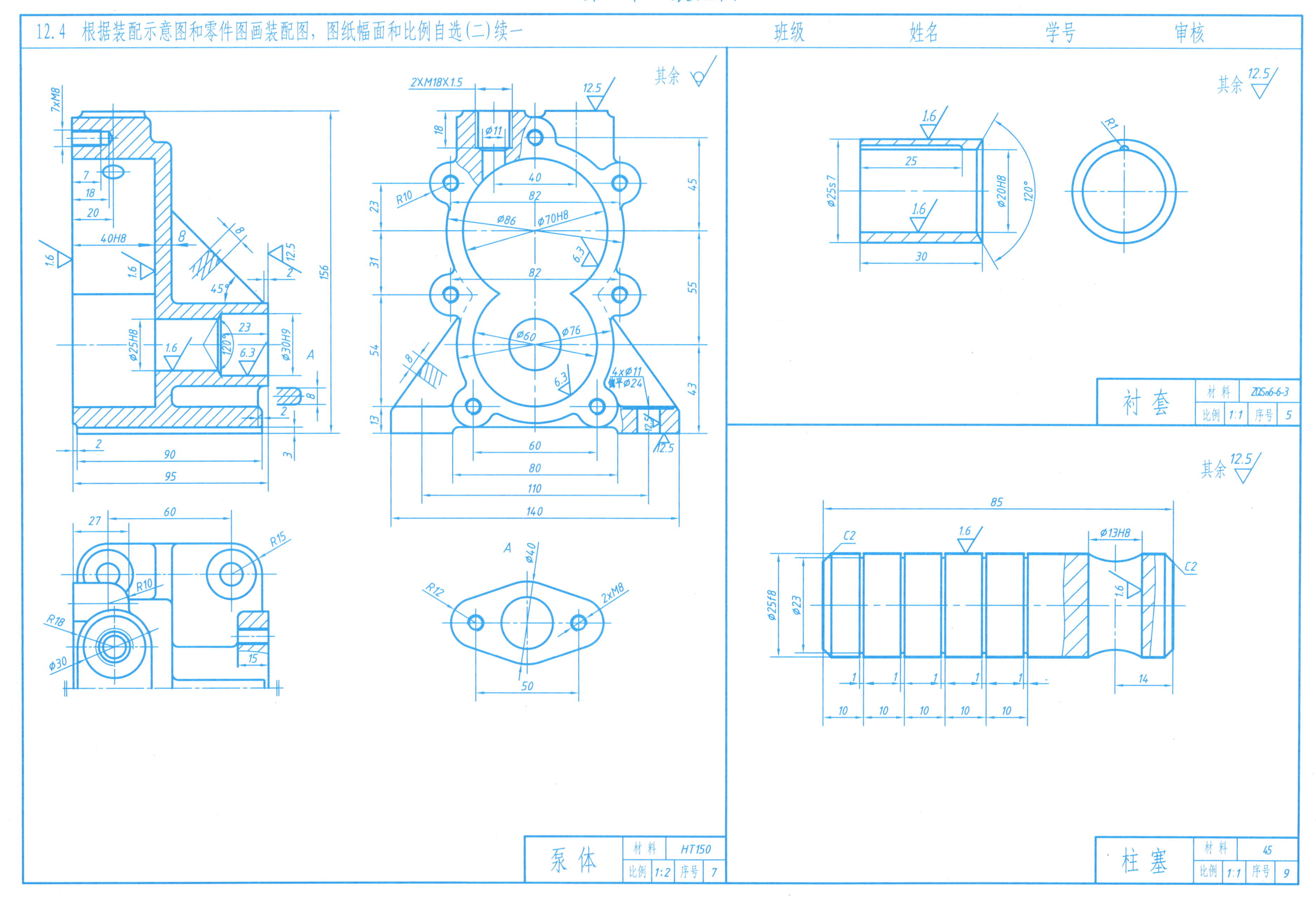

12.4 根据装配示意图和零件图画装配图，图纸幅面和比例自选(二)续一
班级
姓名
学号
审核
其余
泵体
材料 HT150
比例 1:2
序号 7
衬套
材料 ZQSn6-6-3
比例 1:1
序号 5
柱塞
材料 45
比例 1:1
序号 9
2XM18X1.5
7xM8
4xø11
锪平ø24
2xM8
ø25H8
ø30H9
ø70H8
ø25s7
ø20H8
ø13H8
ø25f8

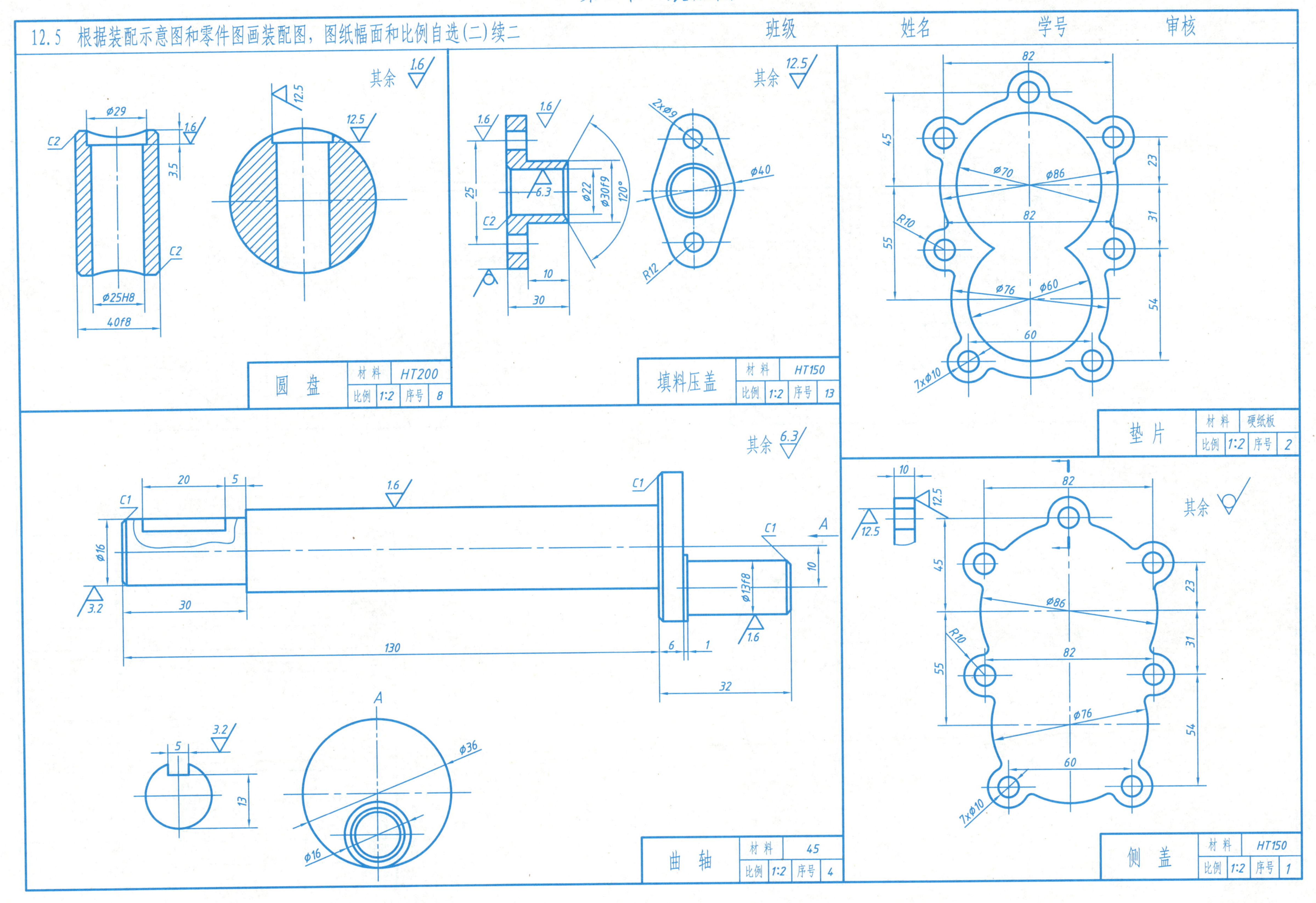
12.5　根据装配示意图和零件图画装配图，图纸幅面和比例自选(二)续二
班级
姓名
学号
审核
圆　盘
材 料
HT200
比例
1:2
序号
8
填料压盖
材 料
HT150
比例
1:2
序号
13
垫　片
材 料
硬纸板
比例
1:2
序号
2
曲　轴
材 料
45
比例
1:2
序号
4
侧　盖
材 料
HT150
比例
1:2
序号
1
其余
φ29
φ25H8
40f8
φ22
φ30f9
120°
2xφ9
φ40
R12
φ70
φ86
φ76
φ60
R10
7xφ10
φ16
φ13f8
130
32
φ36

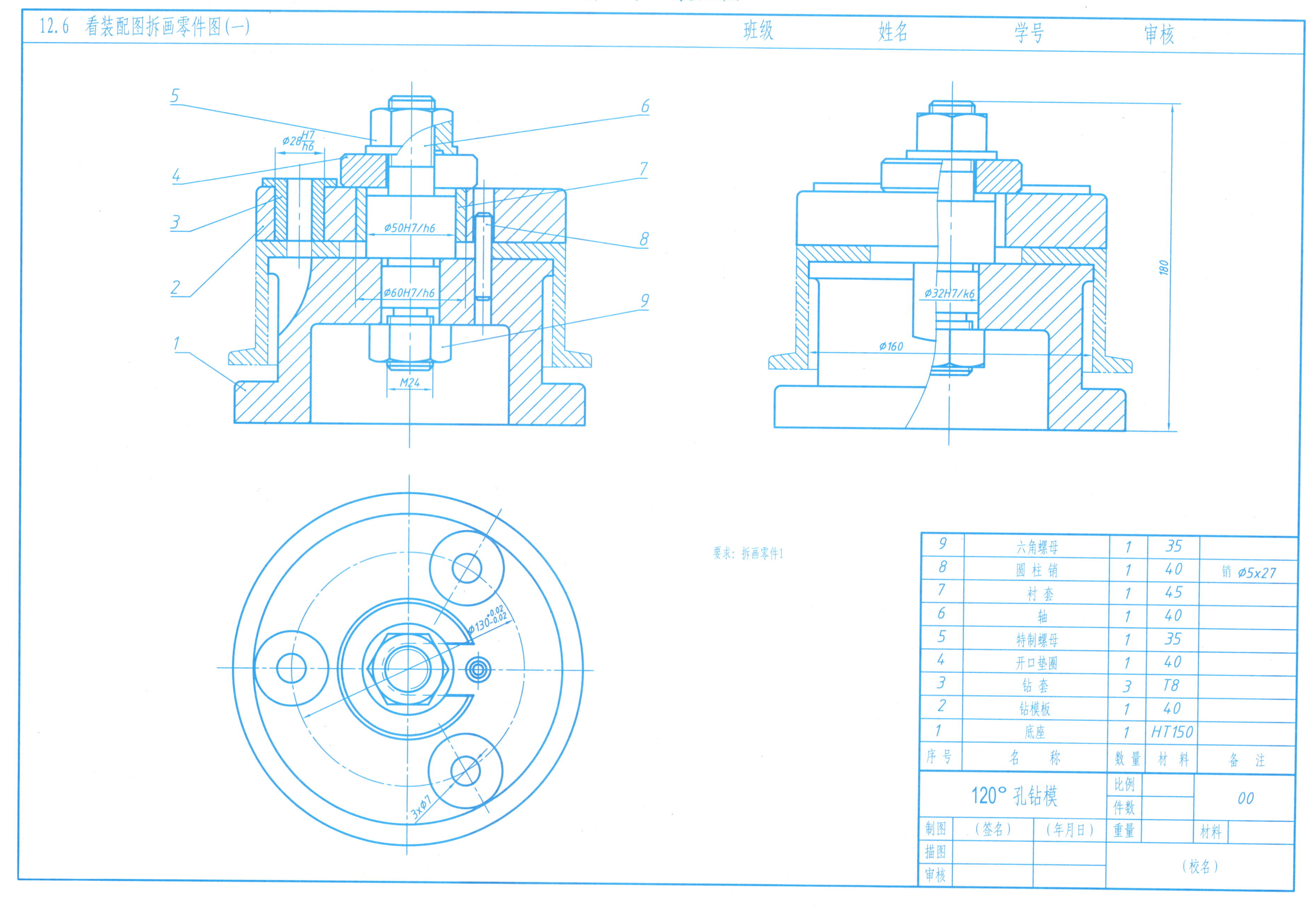

9	六角螺母	1	35	
8	圆柱销	1	40	销 ø5x27
7	衬套	1	45	
6	轴	1	40	
5	特制螺母	1	35	
4	开口垫圈	1	40	
3	钻套	3	T8	
2	钻模板	1	40	
1	底座	1	HT150	
序号	名 称	数量	材料	备 注

120° 孔钻模		比例		00
		件数		
制图	（签名）	（年月日）	重量	材料
描图			（校名）	
审核				

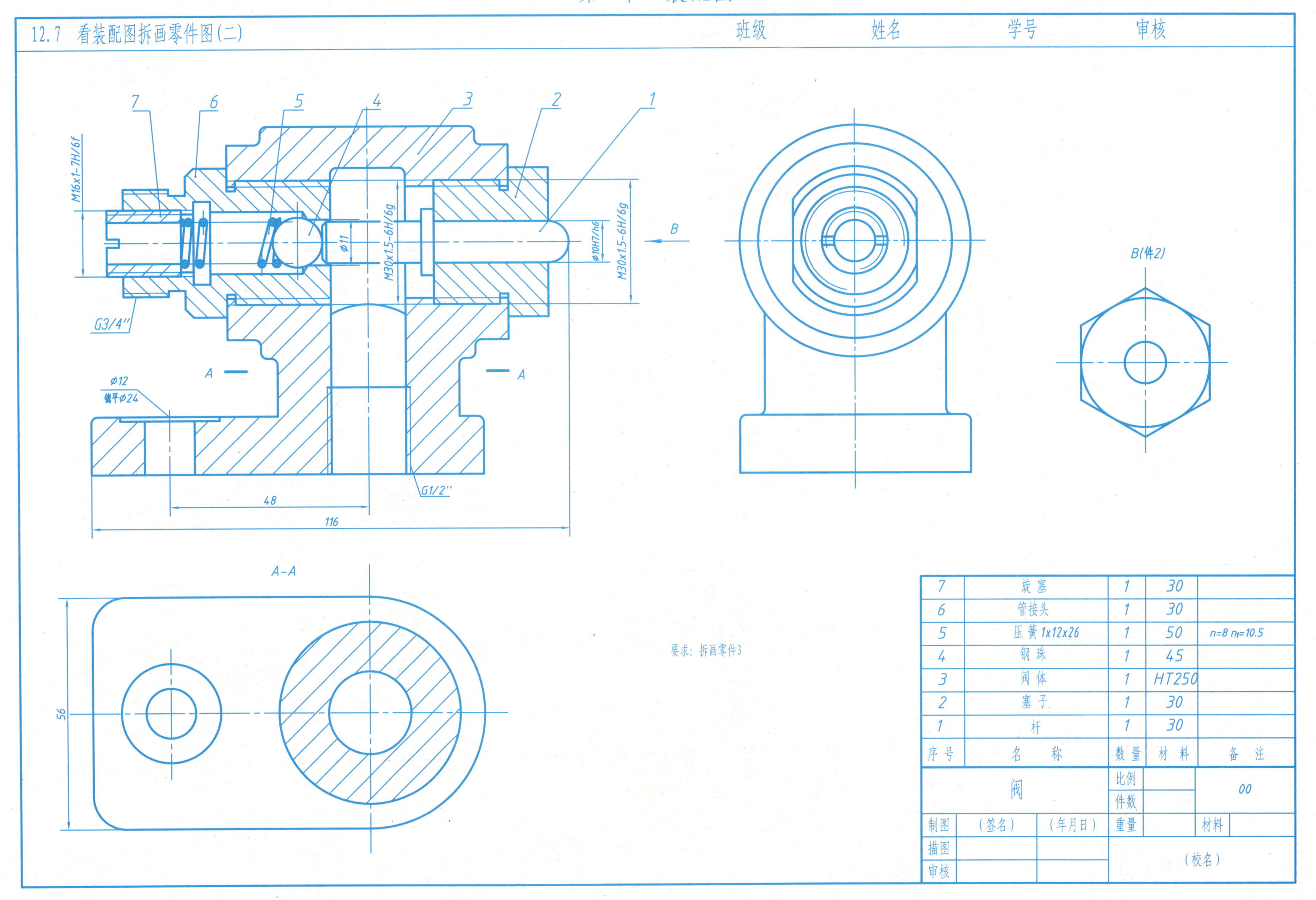

7	旋塞	1	30	
6	管接头	1	30	
5	压簧 1x12x26	1	50	n=8 n₁=10.5
4	钢珠	1	45	
3	阀体	1	HT250	
2	塞子	1	30	
1	杆	1	30	
序号	名称	数量	材料	备注

阀		比例		00
		件数		
制图	(签名)	(年月日)	重量	材料
描图			(校名)	
审核				

北京大学出版社教材书目

序号	书　名	标准书号	主　编	定价	出版日期
1	机械设计	978-7-5038-4448-5	郑　江　许　瑛	33	2007.8
2	机械设计	978-7-301-15699-5	吕　宏	32	2009.9
3	机械设计	978-7-301-17599-6	门艳忠	40	2010.8
4	机械原理	978-7-301-11488-9	常治斌　张京辉	29	2008.6
5	机械原理	978-7-301-15425-0	王跃进	26	2009.7
6	机械设计基础	978-7-5038-4444-2	曲玉峰　关晓平	27	2008.1
7	机械设计课程设计	978-7-301-12357-7	许　瑛	35	2009.5
8	机械创新设计	978-7-301-12403-1	丛晓霞	32	2008.7
9	AutoCAD 工程制图	978-7-5038-4446-9	杨巧绒　张克义	20	2007.8
10	工程制图	978-7-5038-4442-6	戴立玲　杨世平	27	2007.8
11	工程制图习题集	978-7-5038-4443-4	杨世平　戴立玲	20	2008.1
12	机械制图(机类)	978-7-301-12171-9	张绍群　孙晓娟	32	2009.1
13	机械制图习题集(机类)	978-7-301-12172-6	张绍群　王慧敏	29	2007.8
14	机械制图与 AutoCAD 基础教程	978-7-301-13122-0	张爱梅	35	2007.11
15	机械制图与 AutoCAD 基础教程习题集	978-7-301-13120-6	鲁　杰　张爱梅	22	2007.12
16	AutoCAD 2008 工程绘图	978-7-301-14478-7	赵润平　宗荣珍	35	2009.1
17	工程制图案例教程	978-7-301-15369-7	宗荣珍	28	2009.6
18	工程制图案例教程习题集	978-7-301-15285-0	宗荣珍	24	2009.6
19	理论力学	978-7-301-12170-2	盛冬发　闫小青	29	2007.8
20	材料力学	978-7-301-14462-6	陈忠安　王　静	30	2009.1
21	工程力学(上册)	978-7-301-11487-2	毕勤胜　李纪刚	29	2008.6
22	工程力学(下册)	978-7-301-11565-7	毕勤胜　李纪刚	28	2008.6
23	液压传动	978-7-5038-4441-8	王守城　容一鸣	27	2009.4
24	液压与气压传动	978-7-301-13129-4	王守城　容一鸣	32	2009.4
25	液压与液力传动	978-7-301-17579-8	周长城等	34	2010.8
26	液压传动与控制实用技术	978-7-301-15647-6	刘　忠	36	2009.8
27	金工实习（第 2 版）	978-7-301-16558-4	郭永环　姜银方	30	2010.1
28	机械制造基础实习教程	978-7-301-15848-7	邱　兵　杨明金	34	2010.2
29	公差与测量技术	978-7-301-15455-7	孔晓玲	25	2009.7
30	互换性与测量技术基础	978-7-5038-4473-6	韩进宏　王长春	25	2007.7
31	机械制造技术基础	978-7-301-14474-9	张　鹏　孙有亮	28	2009.1
32	先进制造技术基础	978-7-301-15499-1	冯宪章	30	2009.8
33	机械精度设计与测量技术	978-7-301-13580-8	于　峰	25	2008.8
34	机械制造工艺学	978-7-301-13758-1	郭艳玲　李彦蓉	30	2008.8
35	机械制造基础(上)——工程材料及热加工工艺基础	978-7-5038-4435-3	侯书林　朱　海	29	2008.6
36	机械制造基础(下)——机械加工工艺基础	978-7-5038-4436-1	侯书林　朱　海	22	2009.5
37	工程材料及其成形技术基础	978-7-301-13916-5	申荣华　丁　旭	45	2008.8
38	工程材料及其成形技术基础学习指导与习题详解	978-7-301-14972-0	申荣华	20	2009.3
39	机械工程材料及成形基础	978-7-301-15433-5	侯俊英　王兴源	30	2009.7
40	机械工程材料	978-7-5038-4452-3	戈晓岚　洪　琢	29	2008.2
41	工程材料与机械制造基础	978-7-301-15899-9	苏子林	32	2009.9
42	控制工程基础	978-7-301-12169-6	杨振中　韩致信	29	2007.8
43	机械工程控制基础	978-7-301-12354-6	韩致信	25	2008.1
44	机电工程专业英语（第 2 版）	978-7-301-16518-8	朱林	24	2010.1
45	机床电气控制技术	978-7-5038-4433-7	张万奎	26	2007.9
46	机床数控技术（第 2 版）	978-7-301-16519-5	杜国臣　王士军	35	2010.1
47	数控机床与编程	978-7-301-15900-2	张洪江　侯书林	25	2009.9
48	数控加工技术	978-7-5038-4450-7	王　彪　张　兰	29	2008.2
49	金属切削原理与刀具	978-7-5038-4447-7	陈锡渠　彭晓南	29	2008.1
50	金属切削机床	978-7-301-13180-0	夏广岚　冯　凭	32	2008.5
51	精密与特种加工技术	978-7-301-12167-2	袁根福　祝锡晶	29	2007.8
52	逆向建模技术与产品创新设计	978-7-301-15670-4	张学昌	28	2009.9
53	Pro/ENGINEER Wildfire 2.0 实用教程	978-7-5038-4437-X	黄卫东　任国栋	32	2007.7
54	Pro/ENGINEER Wildfire 3.0 实例教程	978-7-301-12359-1	张选民	45	2008.2
55	Pro/ENGINEER Wildfire 3.0 曲面设计实例教程	978-7-301-13182-4	张选民	45	2008.2
56	SolidWorks 三维建模及实例教程	978-7-301-15149-5	上官林建	30	2009.5
57	UG NX6.0 计算机辅助设计与制造实用教程	978-7-301-14449-7	张黎骅　吕小荣	26	2009.6
58	设计心理学	978-7-301-11567-1	张成忠	48	2008.6
59	计算机辅助设计与制造	978-7-5038-4439-6	仲梁维　张国全	29	2007.9
60	产品造型计算机辅助设计	978-7-5038-4474-4	张慧姝　刘永翔	27	2006.8
61	产品设计原理	978-7-301-12355-3	刘美华	30	2008.2
62	产品设计表现技法	978-7-301-15434-2	张慧姝	42	2009.8
63	化工工艺学	978-7-301-15283-6	邓建强	42	2009.6
64	过程装备机械基础	978-7-301-15651-3	于新奇	38	2009.8
65	过程装备测试技术	978-7-301-17290-2	王毅	45	2010.6
66	质量管理与工程	978-7-301-15643-8	陈宝江	34	2009.8
67	质量管理统计技术	978-7-301-16465-5	周友苏　杨飒	30	2010.1
68	测试技术基础（第 2 版）	978-7-301-16530-0	江征风	30	2010.1
69	测试技术实验教程	978-7-301-13489-4	封士彩	22	2008.8
70	测试技术学习指导与习题详解	978-7-301-14457-2	封士彩	34	2009.3
71	可编程控制器原理与应用（第 2 版）	978-7-301-16922-3	赵燕　周新建	33	2010.3
72	工程光学	978-7-301-15629-2	王红敏	28	2009.9
73	精密机械设计	978-7-301-16947-6	田明　冯进良　白素平	38	2010.3
74	传感器原理及应用	978-7-301-16503-4	赵燕	35	2010.2
75	测控技术与仪器专业导论	978-7-301-17200-1	陈毅静	29	2010.6
76	汽车电子控制技术	978-7-5038-4432-9	凌永成，于京诺	32	2007.7
77	汽车构造	978-7-5038-4445-4	肖生发，赵树朋	44	2007.8
78	汽车发动机原理	978-7-301-12168-9	韩同群	32	2007.8
79	汽车设计	978-7-301-12369-0	刘涛	45	2008.1
80	汽车运用基础	978-7-301-13118-3	凌永成，李雪飞	26	2008.1
81	现代汽车系统控制技术	978-7-301-12363-8	崔胜民	36	2008.1
82	汽车电气设备实验与实习	978-7-301-12356-0	谢在玉	29	2008.2
83	汽车试验测试技术	978-7-301-12362-1	王丰元	26	2008.2
84	汽车运用工程基础	978-7-301-12367-6	姜立标，张黎骅	32	2008.6
85	汽车制造工艺	978-7-301-12368-3	赵桂范，杨　娜	30	2008.6
86	汽车工程概论	978-7-301-12364-5	张京明，江浩斌	36	2008.6
87	汽车运行材料	978-7-301-13583-9	凌永成，李美华	30	2008.7
88	汽车试验学	978-7-301-12358-4	赵立军，白　欣	28	2008.8
89	内燃机构造	978-7-301-12366-9	林　波，李兴虎	26	2008.8
90	汽车故障诊断与检测技术	978-7-301-13634-8	刘占峰，林丽华	34	2008.8
91	汽车维修技术与设备	978-7-301-13914-1	凌永成，赵海波	30	2008.8
92	热工基础	978-7-301-12399-7	于秋红	34	2009.2
93	汽车检测与诊断技术	978-7-301-12361-4	罗念宁，张京明	30	2009.1
94	汽车评估	978-7-301-14452-7	鲁植雄	25	2009.8
95	汽车车身设计基础	978-7-301-15619-3	王宏雁，陈君毅	28	2009.9
96	汽车车身轻量化结构与轻质材料	978-7-301-15620-9	王宏雁，陈君毅	25	2009.9
97	车辆自动变速器构造原理与设计方法	978-7-301-15609-4	田晋跃	30	2009.9
98	新能源汽车技术	978-7-301-15743-5	崔胜民	32	2009.9
99	工程流体力学	978-7-301-12365-2	杨建国，张兆营	35	2010.1
100	高等工程热力学	978-7-301-16077-0	曹建明，李跟宝	30	2010.1
101	汽车电气设备（第 2 版）	978-7-301-16916-2	凌永成，李淑英	38	2010.3
102	现代汽车排放控制技术	978-7-301-17231-5	周庆辉	32	2010.6
103	汽车服务工程	978-7-301-16743-4	鲁植雄	36	2010.7
104	现代汽车发动机原理	978-7-301-17203-2	赵丹平，吴双群	35	2010.7
105	现代汽车新技术概论	978-7-301-17340-4	田晋跃	35	2010.7
106	汽车数字开发技术	978-7-301-17598-9	姜立标	40	2010.8
107	汽车人机工程学	978-7-301-17562-0	任金东	35	2010.8
	材料类				
108	金属学与热处理	978-7-5038-4451-5	朱兴元，刘忆	24	2007.7
109	冲压工艺与模具设计（第 2 版）	978-7-301-16872-1	牟林，胡建华	34	2010.6
110	锻造工艺过程及模具设计	978-7-5038-4453-1	胡亚民，华林	30	2008.6
111	材料成型设备控制基础	978-7-301-13169-5	刘立君	34	2008.1
112	材料成形 CAD/CAE/CAM 基础	978-7-301-14106-9	余世浩，朱春东	35	2008.8
113	材料成型控制工程基础	978-7-301-14456-5	刘立君	35	2009.2
114	材料科学基础	978-7-301-15565-3	张晓燕	32	2009.8
115	铸造工程基础	978-7-301-15543-1	范金辉，华勤	40	2009.8
116	造型材料	978-7-301-15650-6	石德全	28	2009.9
117	模具设计与制造	978-7-301-15741-1	田光辉，林红旗	42	2009.9
118	材料物理与性能学	978-7-301-16321-4	耿桂宏	39	2010.1
119	金属材料成形工艺及控制	978-7-301-16125-8	孙玉福，张春香	40	2010.2
120	材料腐蚀及控制工程	978-7-301-16600-0	刘敬福	32	2010.7
121	摩擦材料及其制品生产技术	978-7-301-17463-0	申荣华，何林	45	2010.7